高等学校应用型创新人才培养系列教材

电气信息专业导论

主　编◎张劲恒　杨　扬
副主编◎郑阳宁　程晓玲　王　春
参　编◎吴允强　方　婷　陈　君
慕　阳　魏郅琦

華中科技大學出版社
http://www.hustp.com
中国·武汉

图书在版编目(CIP)数据

电气信息专业导论/张劲恒,杨扬主编.—武汉：华中科技大学出版社,2018.8(2021.1重印)
ISBN 978-7-5680-4555-1

Ⅰ.①电… Ⅱ.①张… ②杨… Ⅲ.①电气工业-高等学校-教材 ②信息技术-高等学校-教材
Ⅳ.①TM ②G202

中国版本图书馆 CIP 数据核字(2018)第 196648 号

电气信息专业导论
Dianqi Xinxi Zhuanye Daolun

张劲恒 杨 扬 主编

策划编辑：张 毅
责任编辑：刘 静
封面设计：孢 子
责任监印：朱 玢
出版发行：华中科技大学出版社(中国·武汉) 电话：(027)81321913
武汉市东湖新技术开发区华工科技园 邮编：430223
录 排：武汉市洪山区佳年华文印部
印 刷：广东虎彩云印刷有限公司
开 本：787mm×1092mm 1/16
印 张：11
字 数：203 千字
版 次：2021 年 1 月第 1 版第 4 次印刷
定 价：30.00 元

前　言

电气工程专业是一门历史比较悠久的专业。19世纪上半叶安培发现的电流磁效应、法拉第发现的电磁感应定律，19世纪下半叶麦克斯韦创立的电磁理论为电气工程奠定了基础。19世纪末到20世纪初，西方国家的大学陆续设置了电气工程类专业来传播、应用和发展与电气工程相关的知识。1908年，上海交通大学、西安交通大学前身——南洋大学堂设置了电机专修科，这是我国大学最早的电气工程类专业。经过一百多年的不断发展，电气工程类专业已逐步发展成为一个独立的电气工程学科。

在“电气信息专业导论”中，我们通过介绍电磁学理论的建立和通信技术的进步以及电气工程理论与技术的发展，介绍电气科学技术艰难发展与复杂演化的漫长历程及科学家在其中所经历的失败、遇到的困难、形成的突破与获得的成功，着重引导学生深切感受前辈科学家们实事求是的科学态度，认真学习他们勇于探索的理性怀疑思想，大力弘扬他们无畏攀登的科学献身精神，以使学生一进大学就置身于科学探索的强大引力场中，不断受到各种令人鼓舞的科学发现的吸引，从而建立起为科学创新而奋斗的高尚情怀，培养毅力，并从电气工程发展的历史中获得各自的独立解。

“电气信息专业导论”这门课程是伴随着现代高等教育思想的日益变革和科技飞跃发展的脚步而发展起来的。因此，它具有非常鲜明的时代特征，并强烈地体现着现代高等教育的核心思想，即通才教育与创新精神。通过这门课程的教学，刚入学的大一学生可以对所选专业的特点与学习方法有比较深入和全面的了解。设置这门课程旨在在大学教育的初期阶段就积极激发学生的专业学习兴趣，培养学生的基本专业素养与专业精神，并且使学生对自己将要学习的电气工程及其自动化专业的过去、现在与未来，以及该专业的人才培养目标、教学计划、课程体系与骨干课程等产生深刻的认识，从而为自己的四年学习制订详尽、明确的计划，以取得尽可能好的学习效果，掌握更加全面与精深的专业知识。

本书编写计划由邱小林主持制订。第1、2、6章由张劲恒编写；第3、10章由杨扬编写；第8、9章由郑阳宁编写；第4章由王春编写；第5章由方婷编写；第7章由吴允强编写；第 11 章由程晓玲编写；全书的插图由綦阳、程晓玲制作，陈君、魏郅琦等也参与了本书的编写工作。全书的编写工作由张劲恒、杨扬统筹。

全书由中国高等学校电工学研究会江西分会名誉会长符磊教授审阅，惠州 TCL 移动通信有限公司为本书的编写工作提供了支持和帮助。

编　者

2018 年 5 月

目 录

第1章

电气工程与高等教育

DIANQIXINXI
ZHUANYEDAOLUN

1.1 电气工程学科术语简介、涵盖的内容和发展趋势

电气工程是现代科技领域中的核心学科之一,更是当今高新技术领域中不可缺少的关键学科。从某种意义上讲,电气工程的发达程度代表着国家的科技进步水平。在我国知名的部属大学中,多数都设置有电气工程与自动化专业(或电气工程及其自动化专业)。

全国设置电气工程类专业的大学数量在逐年增多:1994 年,有 90 所学校;时隔 5 年后的 1999 年,变为 123 所学校;再过 2 年后的 2001 年,增加到 163 所学校;到 2006 年,更是猛增至 276 所学校。近年来,我国设置电气工程类专业的大学数量迅速增加,一方面,说明了我国对电气工程类专业人才的需求相当旺盛;另一方面,说明了电气工程类专业在我国高等教育中占据十分重要的地位。

我国的电气工程学科的高等教育应转变教育思想和教育观念,使电气工程类专业人才培养模式符合社会的实际需求;对国内外电气工程类专业高等教育开展调查、比较研究,使电气工程与自动化专业人才培养方案和教学计划既符合国情,也兼顾与国际接轨;对教学内容、课程体系进行整合与优化,建设面向 21 世纪课程的优秀教材;注重培养学生的实践能力和创新能力。

一、术语简介

1. 科学

科学(science)是运用范畴、定理、定律等思维形式反映现实世界各种现象的本质和规律的知识体系,是社会意识形态之一。按研究对象的不同,科学可分为自然科学、社会科学和思维科学,以及总结和贯穿自然科学、社会科学和思维科学三个领域的哲学和数学。

2. 技术

技术(technology)是指人类运用自然科学原理和根据生产实践经验来改变或控制其环境的手段和行动,它是人类活动的一个专门领域。技术的任务是利用自然和改造自然,以其生产的产品为人类服务。

3. 工程

工程(engineering)是指应用科学知识使自然资源更好地为人类服务的专门技术。需要注意的是，工程并不等于技术，它还受到政治、经济、法律、美学和环境等非技术因素的影响。技术存在于工程之中。

4. 系统

系统(system)是指由相互关联、相互制约、相互影响的一些部分组成的具有某种功能的有机整体。随着科学技术的发展，出现了许多复杂的大型系统。例如电力系统，它是由许多各种类型的发电厂、输电网、配电网和负载构成的一个庞大系统，功能是发电、输电、配电和用电。互联网系统、交通系统、生态系统等也都是当今世界上的大型系统。某一大型系统内部，还可以包含多层子系统。

5. 信息

信息(information)是指符号、信号或消息所包含的内容，用来消除人们对客观事物认识的不确定性。信息是人们在与客观世界相互作用过程中与客观世界进行交换的内容的名称。

6. 控制

控制(control)是指为了改善系统的性能或达到特定目的，通过信息采集、加工而施加到系统的作用。有些系统是可以进行人工控制或干预的，称为可控制系统；反之，为不可控制系统。可控制系统由控制部分和受控部分组成，两者间由双向信息流来联系。

7. 管理

管理(management)是指为了充分利用各种资源来达到一定目标而对社会或其组成部分施加的一种控制。

二、电气工程学科及其涵盖的内容

经过一百多年的发展，电气工程学科已成为覆盖面广、学科理论体系逐渐完善、工程实践成功和应用领域宽广的一门独立学科。它给人类社会的许多方面带来了巨大而深刻的影响。

传统的电气工程定义为“用于创造产生电气与电子系统的有关学科的总和”。但随着科学技术的飞速发展，21世纪电气工程的概念已经远远超出了上述定义的范畴。从广义上讲，电气工程学科涵盖的主要内容是研究电磁现象的规律及与其应用有关的基础科学、技术科学和工程技术的综合。这包括电磁形式的能量、信息的产生、传输、控制、处理、测量及其相关的系统运行，设备制造技术等多方面的内容。

电气工程学科下设五个二级学科，分别是电机与电器、电力系统及其自动化、高电压与绝缘技术、电力电子与电力传动、电工理论与新技术。电气工程学科涵盖的主要内容具体是：电机与拖动技术；发电厂一次、二次设备及主接线，电力网动态及稳定性，电力系统经济运行，电力系统实时控制，电能转换；高压电器，高电压测试技术，过电压防护；电力电子器件，电力电子装置，电力传动；电网络理论、电磁场理论及其应用，信号分析与处理，电力系统通信与网络，电力信息技术，计算机科学与工程等。

三、电气工程学科的发展趋势

信息技术的进步将对电气工程学科的发展产生决定性的影响。电气工程学科与物理学科的交叉面拓宽，将为电气工程学科发展带来新的机遇。快速变化的新技术、新方法将为电气工程学科提供更科学的技术方案。

电气工程学科注重理论研究与工程实践相结合，加强理论基础，拓宽专业知识面。随着电气工程科技的进步和自动化水平的提高，电气工程学科专业技术人才必须掌握信息技术、自动化技术和计算机技术。

1.2 电气工程与自动化专业本科培养方案

一、社会对高级工程技术人才的素质要求

随着科学技术的迅猛发展和社会的不断进步，对组成社会的每一个成员所具有的综合素质的要求在逐步提高，而对高级工程技术人才的综合素质要求更高。

对社会发展而言，教育具有基础性、先导性和全局性的特点。高等学校应该是培养和造就高素质创造性人才的摇篮；是认识未知世界、探求客观真理、为人类解决面临的重大课题提供科学依据的前沿；是知识创新、推动科学技术成果向现实生产力转化的重要力量；是民族优秀文化与世界先进文明成果交流借鉴的桥梁。

在工程技术领域，由项目或产品的研制生产过程可知，首先要将反映自然客观规律的理论知识转化为工程项目方案或产品设计方案；然后将方案转化为工程实施计划，即确定实现方案或生产产品的工艺流程、操作程序、方法手段及其管理模式等工程技术问题；最后才是完成项目或形成产品的技能操作和相应的服务。工程项目和产品生成过程中三个阶段的工程技术工作，需要不同类型的人才去承担，这些人才分别称为工程型人才、技术型人才和技能型人才。此外，在工程技术领域还存在一些需要发现和研究客观自然规律的工作，从事这类工作的人才，则称为学术型人才。

我国高等工程教育的人才培养目标是：培养适应国家现代化建设所需要的具有高综合素质，德、智、体全面发展，经过工程师基本训练的有工程实践能力和创新精神的高级工程技术人才。毕业后主要在工业生产第一线从事专业领域内的设计、制造、试验、研究和产品开发工作，也可从事管理、经营和教学工作。高等学校在人才培养过程的每个环节中，都要考虑并体现对人才知识、能力与素质构建的作用；对于培养环节的设置，要有合理、科学的结构，以有效提高所培养人才的综合能力与素质，确保培养质量的稳定与提高。

二、电气工程与自动化专业的范围

电气工程与自动化专业的范围主要包括电工理论、电气装备制造与应用、电力系统运行与控制三个部分。电工理论是电气工程的基础，主要包括电路理论和电磁场理论。这些理论是物理学中电学和磁学的发展和延伸。而电子技术、计算机硬件技术等是随着电工理论不断发展而诞生的，电工理论是它们的重要基础。电气装备制造主要包括发电机、电动机、变压器等电机设备的制造，也包括开关、用电设备等电器与电气设备的制造，还包括电力电子设备的制造、各种电气控制装置和电子控制装置的制造及电工材料和电气绝缘等内容。电气装备的应用则是指上述设备和装置的应用。电力系统运行与控制主要指电力网的运行和控制、电气自动化等内容。当然，制造和运行不可能截然分开，电气设备在制造时必须考虑其运行。例如，电力系统由各种电气设备组成，其良好的运行必然要依靠良好的设备。

三、电气工程与自动化专业人才培养目标

电气工程与自动化专业人才培养目标是：培养适应我国社会主义建设需要

的，德、智、体全面发展的，能够从事与电气工程有关的系统运行、自动控制、电力电子技术、信息处理、试验分析、研制开发、经济管理及电子与计算机技术应用等领域工作的宽口径复合型高级工程技术人才。

1.3 大学的教学与学习

一、大学的教学

1. 大学教学的任务

高等学校的主要任务是教学和科研，而教学任务主要体现在以下几个方面。

（1）传授科学文化知识。

（2）提高学生综合素质。

（3）帮助学生树立科学的世界观。

以上各项教学任务，是相互联系、相互影响的。传授知识是基础，形成科学的世界观是方向，增强体质是保证，培养大学生的综合能力是最终目标。

2. 大学教学的特点

大学教学具有以下特点。

（1）教学进度快。

（2）教学形式多。

（3）教学内容系统性强。

（4）教与学的关系相对松散。

（5）学生拥有更多的自由时间。

二、大学的学习

1. 学习过程

学习过程是一个心理活动过程，是把认知活动与意向活动相结合，互相促进、协调发展的过程。在这个心理活动过程中，知识、技能、认知因素和意向因素结合在一起，简称为学习过程“四结合”。一个完整的学习过程可分为学习、保持和再现三个阶段，保持和再现的性质是由学习的性质决定的。若学习是机械的，保持和再现则必定也是机械的。

学习的过程包括知识学习过程和技能学习过程。

2. 影响学习的因素

影响学习的因素有以下几个。

(1) 智力因素。

(2) 学习的目的性。

(3) 学习方法。

(4) 环境因素。

(5) 经济条件。

3. 大学生的学习方法

大学生的学习方法如下。

(1) 确立目标,激发动机。

(2) 调控心理,优化心境。

(3) 科学用脑,提高效率,及时复习,增强记忆。

(4) 科学运筹,巧用时间。

思考与练习

1.1　电气工程学科的主要任务是什么？电气工程学科包含哪些二级学科？

1.2　简述电气工程学科在我国高等教育中的地位。

1.3　大学教学有哪些特点？大学生应如何适应这些特点？

1.4　简述电气工程与自动化专业的特色和人才培养要求。

1.5　通过本章学习,谈谈对大学学习的初步规划。

第2章

电磁学理论的建立和通信技术的进步

DIANQIXINXI
ZHUANYEDAOLUN

2.1 人类对电磁现象的早期研究

一、人类对电磁现象的早期观察

在古代中国,人们认为有雷公电母这些神仙,他们将雷电作为惩罚坏人的武器。

欧洲斯堪的纳维亚半岛人相信雷电是雷神的锤子在敲打。

古希腊人则认为雷电是宙斯发怒时的吼声和射出的箭。

早在3000多年前中国的殷商时期,甲骨文中就有了“雷”和“电”的形声字;西周初期,在青铜器上就已经出现了加雨字头的“電”字。

2600多年前,古希腊学者泰勒斯(Thales)记录下毛皮与琥珀互相摩擦后,毛皮和琥珀吸引轻小物体的现象。

中国东汉时期,王充(公元27—约公元97年)在《论衡》中记载“顿牟掇芥,磁石引针”。王充在《论衡》中还写道:“夫雷,火也。阴阳分事则相校轸,校轸则激射,激射为毒,中人则死,中木木折,中屋屋毁。”

东晋时期,郭璞在《山海经图赞》写道:“磁石吸铁,玳瑁取芥,气有潜通,数亦冥会。”

在汉墓中出土的司南是最早应用磁现象的实物。司南的复制模型如图2-1所示。

图2-1 司南的复制模型

二、人类对电磁现象的早期实验研究

英国医生、电磁学研究的先驱者威廉·吉尔伯特(William Gilbert, 1544—

1603，见图 2-2）发现，用天然磁石摩擦铁棒，能使铁棒磁化。吉尔伯特是第一位用科学实验证明电磁现象的科学家，他用实验验证了大地磁场的存在。他在 1600 年出版的《磁石论》一书中指出，磁针指南是由于地球本身是一个巨大磁体。他还由希腊文“琥珀”（κεχριμπάρι）创造了英文的“电”（electricam）一词并沿用到 1646 年。

图 2-2 电磁学先驱吉尔伯特

1663 年，德国物理学家奥托·冯·盖利克（Otto von Guericke，1602—1686）研制出摩擦起电的简单机器。

1729 年，英国学者斯蒂芬·格雷（Stephen Gray，1670—1736）发现电可以沿金属导线传输。他在对电荷传递的研究中，发现电的传导性能并不取决于物体的颜色，而取决于构成物体的物质类别。格雷还进行了第一个使人体带电的实验，证明人体是电性物体。

1733 年，法国物理学家查尔斯·杜菲（Charles du Fay，1698—1739）通过实验发现电荷有两种，分别称为“正电”和“负电”。

荷兰莱顿大学物理学教授彼得·范·穆森布罗克（Pieter van Musschenbrock，1692—1761）与德国卡明大教堂的副主教埃瓦尔德·格奥尔格·冯·克莱斯特（Ewald Georg von Kleist，1700—1748）分别于 1745 年和 1746 年独立研制出贮电瓶——莱顿瓶。

1747 年，美国人本杰明·富兰克林（Benjamin Franklin，1706—1790，见图 2-3）通过实验提出了电荷守恒原理。1749 年到 1752 年间，富兰克林通过实验揭开雷电现象的秘密，统一了天电和地电。富兰克林还证明了天电和地电的性质完全相同，提出了关于避雷针的建议。

图 2-3　科学家富兰克林

1785 年，法国工程师、物理学家查尔斯·奥古斯丁·德·库仑(Charles Augustin de Coulomb，1736—1806，见图 2-4)用扭秤测量静电力和磁力，建立了著名的库仑定律。

意大利生理学家路易吉·伽伐尼(Luigi Galvani，1737—1798，见图 2-5)是研究生物电的先驱。他致力于神经对刺激的感受研究。他宣称动物组织能产生电，虽然他的理论被证明是错的，但他的实验促进了对电学的研究。

图 2-4　物理学家库仑

图 2-5　生理学家伽伐尼

1799 年，意大利物理学家亚历山德罗·伏特(Alessandro Volta，1745—1827，见图 2-6)发明了伏特电池。1798 年，他经过潜心研究后认为，电流不是来源于动物，把任何潮湿物体放在两个不同金属之间都会产生电流。这一发现直接促使亚历山德罗·伏特在一年后发明了世界上第一块电池。电动势、电位差、电压的单位"伏特"就是用他的姓氏命名的。

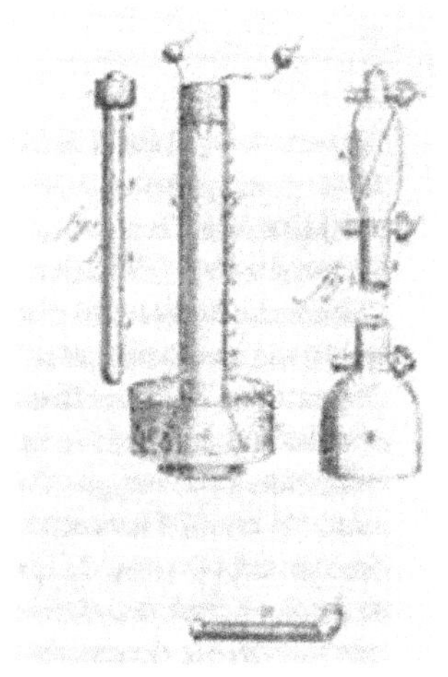

图 2-6　物理学家亚历山德罗·伏特和亚历山德罗·伏特发明的电堆

2.2　电流磁效应的研究

一、奥斯特发现电流的磁效应

在 1820 年春天的一个夜晚，奥斯特（见图 2-7）主讲一场关于电与磁的讲座，在讲座中还演示了一些相关的实验。在实验演示过程中，当把电池与铂丝连通

图 2-7　物理学家奥斯特

时，靠近铂丝的小磁针产生了轻微的晃动。这一不显眼的现象引起奥斯特的注意。此后他连续三个月进行深入实验研究，在当年夏天宣布了关于电流的磁效应研究结果。虽然他对电流磁效应的解释不完全准确，但他奠定了电磁学研究的基础，把电磁学研究带入了一个辉煌时期。

二、安培奠定电动力学的基础

法国数学家、物理学家安德烈·马利·安培（André Marie Ampère，1775—1836，见图2-8）对奥斯特的发现产生了强烈关注。他由于过去一直相信库仑提出的观点——电和磁有本质上的区别、相互没有关系，而耽误了时机，于是他投入全部精力开展电磁理论的研究。他首先重复了奥斯特的实验，验证了它的正确性，然后进行了更深入的研究，在两周后就提出了电流方向与磁针转动方向关系的右手定则。接着他又通过实验发现了两个载流导体相互作用力的规律，即电流方向相同的两条平行载流导线互相吸引，电流方向相反的两条平行载流导线互相排斥。另外，他还对两个线圈之间的吸引和排斥做了详细分析。

图2-8　数学家、物理学家安培

安培还提出分子电流假说。他根据磁是由运动的电荷产生的这一观点来说明地磁的成因和物质的磁性。他把研究动电的理论称为电动力学。1827年，安培将他的电磁现象的研究综合在《电动力学现象的数学理论》一书中。他奠定了电动力学的基础。电流强度的单位“安培”就是用他的姓氏命名的。

三、欧姆定律的发现

欧姆(见图 2-9)最大的贡献就是在 1826 年发现了电学上的重大定律——欧姆定律。他在法国数学家让·巴蒂斯特·约瑟夫·傅立叶(Jean Baptiste Joseph Fourier，1768—1830)的热传导理论的启发下进行电学研究。热传导理论认为，导热杆中两点间的热流正比于这两点间的温度差。欧姆认为电流现象与此类似，猜想导线中两点间的电流也许正比于两点间的某种推动力之差。欧姆称这种推动力为电张力。这实际上是电压。

图 2-9　物理学家欧姆

欧姆选用温差电池作电源，而电流大小的测量遇到了难题。1820 年，奥斯特发现了电流的磁效应。第二年，施魏格根据电流的磁效应制成了原始的电流计，当时称为倍加器，但是其准确性和灵敏度都很差。欧姆在这种电流计的启示下，设计制作了一种电流扭秤。其工作原理是把电流的磁效应和库仑扭秤结合在一起，电流的大小通过挂在扭丝下的磁针偏转角度来确定。它能准确测定电流大小，从而获得电流与电压成正比、与电阻成反比的定量关系，即欧姆定律。1826 年，他仿照傅里叶的热传导理论分别发表了题为"论金属传导接触的定律"及"伏特仪器和施魏格倍加器的理论"两篇论文。第二年，他在出版的《动电电路的数学研究》一书中，从理论上严格推导出了欧姆定律。电阻的单位定为"欧姆"就是为了纪念他。

四、高斯对地磁的研究

高斯(见图 2-10)对电磁学的研究开始于 1830 年。1832 年,他改进和推广了库仑定律的公式,并且提出了测量磁强度的实验方法。他和韦伯合作,建立了电磁学中的高斯单位制,发明了电磁铁电报机,绘制出了世界上第一张地球磁场图。

图 2-10　物理学家高斯

1833 年,高斯与物理学家韦伯共同建立地磁观测台,组织磁学学会,以联系全世界的地磁台站网。高斯分别提出了电静力学定律和电动力学定律的公式,其中包括高斯定律。所有这些成果直到 1867 年才发表。

2.3　电磁感应的发现

一、法拉第发现电磁感应

迈克尔·法拉第(Michael Faraday, 1791—1867,见图 2-11)出生在英国一个铁匠家庭,从小生活在贫苦的环境中。每当接触到有趣的书籍时,他就不知疲倦地读起来,尤其是《不列颠百科全书》《关于化学的谈话》及有关电的书籍。

当时在伦敦经常举办各种科学报告会。法拉第去听著名科学家戴维的讲座,在戴维的推荐下,法拉第终于进入皇家学院实验室并做了戴维的助手。和奥斯特

图 2-11　物理学家法拉第

一样，法拉第坚信自然力的统一性、不可破灭性和可转化性，不断寻找磁生电的现象。自 1824 年到 1830 年，他做过多次电磁学实验，一直没有获得满意的结果，但他的信念依然坚定。

1831 年 8 月 29 日，法拉第终于取得了突破性的进展。当年 11 月 24 日，法拉第在递交给英国皇家学会的报告中，归纳出能产生感应电流的五种情况：① 变化着的电流；② 变化着的磁场；③ 运动的恒稳电流；④ 运动的磁铁；⑤ 在磁场中运动的导线。他把在实验中观察到的现象命名为电磁感应。这是一次重大的突破，正是电磁感应提供了生产电能的一种方式并沿用至今。发电机、电动机和变压器都是利用电磁感应原理工作的。

法拉第的另一个重要研究成果，就是他提出了电场和磁场的概念，并描述了电力线与磁力线的作用。电容量的单位“法拉”就是用他的姓氏命名的。法拉第的实验室如图 2-12 所示。

图 2-12　法拉第的实验室

二、亨利、楞次对电磁感应的研究

在法拉第发现电磁感应后不久，美国物理学家约瑟·亨利(Joseph Henry，1797—1878，见图 2-13)发现了自感现象，俄国物理学家 H. 海因里希·E. 楞次(Heinrich Friedrich Emil Lenz，1804—1865，见图 2-14)提出了确定感应电流方向的判据。

图 2-13 物理学家亨利

图 2-14 物理学家楞次

亨利是美国自富兰克林之后，第一个从事创造性电磁学研究的伟大科学家。亨利在 1829 年 8 月开展的电磁铁研究中，发现了载流线圈在断电时产生了强烈的电火花，这就是所谓的自感现象。他把这一项研究结果总结在 1832 年发表的《螺旋状长导线内的电气自感》论文中。

楞次在 1832 年获悉法拉第研究电磁感应获得成功后，开始转向物理学研究。他于 1833 年把研究成果发表在《论动电感应引起的电流的方向》论文中。他提出磁场不能突变的观点，并说明这是由于受感应电动势的反抗作用而引起的。感应电流的方向与它所产生的磁场的方向相同，与引起感应的原磁场的变化方向相反。这就是描述电磁感应现象的楞次定律，这一定律说明电磁现象也是符合能量守恒定律的。

2.4 电磁场理论的建立

在 17 世纪之前，人们对电磁现象的认识只是一些定性的观察，留下的是一些零星的记载。自 17 世纪开始,人类才对电磁现象留下了比较系统的观察记录。到 18 世纪初,人类对电磁现象开展实验研究,获得了一些定性的结论。直至 18 世纪晚期,人类通过大量的实验观测记录和归纳总结,终于获得公式化的成果——静电力的平方反比定律,从而使电磁现象的研究由定性描述转变为定量分析。

19 世纪上半叶是电磁学研究的高峰时期。伏特电堆的发明,为实验研究提供了可以连续使用的电源,促使一批研究成果相继问世。1820 年奥斯特发现电流的磁效应,1820 年至 1827 年安培发现电流之间相互作用力定律,1826 年欧姆提出欧姆定律,1831 年法拉第发现电磁感应现象,1832 年亨利发现自感,1834 年楞次建立楞次定律,1843 年法拉第用实验证明电荷守恒定律。而这些成果都是各自对电或磁现象的单独分析与描述,还不能建立起电与磁的内在联系。

一、麦克斯韦建立电磁场理论

英国数学家、物理学家詹姆斯·克拉克·麦克斯韦(James Clerk Maxwell,1831—1879,见图 2-15)生于英国爱丁堡。在剑桥大学的学习为麦克斯韦打下了扎实的数学基础,为他以后把数学分析与实验研究有机结合创造了条件。1854 年,麦克斯韦开始阅读威廉·汤姆逊的科学著作和法拉第的《电学实验研究》,他信服法拉第的物理思想,试图为法拉第的电场、磁场及电力线、磁力线的概念提供数学方法上的支撑。

图 2-15　物理学家麦克斯韦

1856 年，麦克斯韦以法拉第的力线概念为指导，透过前人许多似乎杂乱无章的实验记录，看出了它们之间实际上贯穿着一些简单的规律。年仅 25 岁的麦克斯韦在剑桥大学的《哲学杂志》上发表了第一篇电磁学论文《论法拉第力线》。

五年之后，麦克斯韦又发表了第二篇论文《论物理力线》。论文共有四部分内容，分别载于 1861 年和 1862 年《哲学杂志》上。这时，他创造性地提出了涡旋电场假说，构造了分子涡旋模型。他还提出了位移电流假说，认为位移电流与传导电流相似，同样可以产生磁场。这是电磁学发展史上一个光辉的里程碑。他还预言了电磁波的存在，并推论这种波的速度等于光速，揭示了光的电磁本质。

1864 年，麦克斯韦发表第三篇论文《电磁场的动力学理论》。他从几个基本实验事实出发，运用场论的观点，以演绎法建立了系统的电磁理论，提出了电磁场的基本方程组，有 20 个方程、20 个变量。后经德国物理学家海因里希·鲁道夫·赫兹（Heinrich Rudolf Hertz，1857—1894，见图 2-16）和英国物理学家亥维赛的整理与简化，才成为描述电磁场的麦克斯韦方程组，共 4 个方程。麦克斯韦方程是宏观电磁现象的基本规律，电磁场的计算都可以归结为求麦克斯韦方程的解。麦克斯韦方程显示了场量之间相互制约与相互联系的关系，表明了电磁场中电、磁两方面变化的主要特征。

图 2-16　物理学家赫兹

1873 年，麦克斯韦出版了电磁场理论的经典著作《电磁学通论》。该书全面地总结了 19 世纪中叶以前对电磁现象的研究成果，对电磁场理论做了系统、严密的论述，从数学的角度证明了电磁场基本方程组解的唯一性，从而建立了完整的电磁学理论体系。这是一部可以同牛顿的《自然哲学的数学原理》、达尔文的《物种起源》和莱伊尔的《地质学原理》相媲美的里程碑式的自然科学理论巨著。

麦克斯韦的电磁场理论使物理学的理论基础发生了根本性变革，它把原先相互独立的电学、磁学和光学结合起来，使 19 世纪的物理学完成了一次重大综合。

二、赫兹发现电磁波

对于麦克斯韦的理论，许多人都难以理解，特别是他关于电磁波的预言，不少人表示怀疑。直到 1887 年，德国物理学家赫兹通过实验证实了电磁波的存在。

赫兹于 1883 年开始研究电磁理论。1886 年秋季的一天，他在实验室内做火花放电实验，一个奇异的现象引起了他的注意：每当放电线圈放电时，在附近几米以外的绝缘开口线中就会冒出一束小火花，这立即使他想起了麦克斯韦的电磁场理论，这跳跃的小火花是不是意味着有电磁波在天空中传播呢？赫兹于 1887 年发表了《电磁波的发生和接收》论文。论文中通过实验证明了电磁波以与光波相同的速度直线传播，电磁波本质上与光波相同，具有反射、折射、衍射和偏振等性质。

他证实了麦克斯韦关于光是一种电磁波的理论，为通信技术的发展开辟了新途径。1887 年，他还发现了光电效应现象，即物质在光的照射下释放出电子的现象，这种现象后来由爱因斯坦引入光子概念。1960 年第 11 届国际计量大会确定把频率的单位定为赫兹。

2.5　通信技术的进步

一、有线电报的发明

当伏特电堆发明以后，1804 年，西班牙工程师唐·弗朗西斯科·萨尔瓦（Don Fransisco Salva，1751—1828）又尝试用导线传送电流到另一端使水分解，以电源负极端产生氢气泡为信号，制成了电化学电报机。

1809 年，德国人托马斯·索默林（Thomas Sommering，1755—1830）也进行了

类似的实验,但仍需用 26 条导线来表示 26 个英文字母,使得线路复杂且速度太慢,并不具有使用价值。

1820 年,在奥斯特发现电流的磁效应之后,安培首先提出了可以利用电流使磁针偏转来传递信息的观点,人们开始研究电磁式电报机。

1829 年,俄国外交家斯契林(1786—1837)制成了用磁针显示的电报机,使用 6 根导线传送信号,还有一根是供电流返回的公共导线,6 个磁针指示的组合表达不同的信息。另外,他还发明了一套电报电码。

真正使电报投入实际应用的,是英国青年威廉·库克(William Cooke,1806—1879)和物理学家查尔斯·惠斯通(Charles Wheatstone, 1802—1875)于 1837 年制成的双针电报机。他们于当年申请了发明专利。第二年,利物浦成功铺设了 13 公里电报线,双针电报机开始实际应用在利物浦的铁路线上,为火车的运行服务。

1846 年英国成立了电报公司后,其电报业务量迅速增长,几年后就建成了数千英里的电报线路。但双针电报机也有一个致命的弱点,即只能传送电流的有或无两个信息,而且线路的成本也高。

塞缪尔·芬利·布里斯·莫尔斯(Samuel Finley Breese Morse, 1791—1872,见图 2-17)是一位美国画家,懂得一些化学和电的知识。1832 年 10 月,在欧洲学完绘画后,在从法国回到美国的旅途中,他听了杰克逊医生向旅伴们介绍奥斯特的电生磁和安培的关于电报的设想的讲演。正是由于在旅途中听到这场讲演,他停下了画笔,致力于电报的研究。莫尔斯发明的精华部分是他的电码。他运用电流的通、断和长断来代替人类的文字进行传送,这就是著名的莫尔斯电码。发报机传送出的电流使收报机的电磁铁受到吸引力,并带动记录笔在纸带上自动记录。1844 年 5 月 24 日,在华盛顿的国会大厦联邦最高法院会议厅里,莫尔斯用有线电报机进行了首次公开通信演示。电文内容取自《圣经》"上帝创造了何等奇迹!",从而实现了人类进行长途电报通信的梦想。

莫尔斯电报机如图 2-18 所示。

1850 年,建成了连接英国和法国的多弗尔海峡的海底电缆;1852 年,伦敦和巴黎之间实现直接通报;1855 年,建成了地中海到黑海的海底电缆,实现了英国、法国、意大利直到土耳其的电报通。

图 2-17　电报发明者莫尔斯

图 2-18　莫尔斯电报机

二、有线电话的发明

早在 1796 年,欧洲就开始了远距离传送声音的研究。休斯提出了利用话筒接力传送语音信息的方法。虽然这种方法不能在实际中推广应用,但他给这种通信方式命的名——telephone(电话)一直沿用至今。

1861 年,一名德国教师发明了原始的电话机。该电话机利用声波原理而制成,可实现短距离互相通话,但还是无法真正投入实际使用。

世界上第一台电话机的发明者,是美籍苏格兰人亚历山大·格雷厄姆·贝尔(Alexander Graham Bell, 1847—1922,见图 2-19)和他的助手沃森。在实验过程中,贝尔意外发现了一种现象:当切断或接通电路时,电路中的螺线管线圈会发出轻微的噪声,这就像莫尔斯电码“嘀嗒”的声音一样。于是,一个大胆的设想在他的脑海里浮现出来了:先将声音引起的空气振动的强弱变化转变成电流的大小变化,再用电流的大小变化还原成声音的变化,人的声音不就可以凭借电流而传送出去了吗? 这就是贝尔设计电话的基本原理。

为了全身心投入发明工作,1873 年贝尔辞去了在波士顿大学的语音学教授一职。一次偶然的机会,贝尔与 18 岁的电气技师沃森相识。由于有共同的志向,他们开始了长期合作。1876 年 3 月 10 日,贝尔和沃森又对样机做了一些改进。在最后测试过程中,沃森在紧闭了门窗的另一房间把耳朵贴近音箱准备接听。贝尔在最后时刻因操作不慎把电池中的硫酸溅到自己身上，于是叫了起来：“沃森先生，快来帮我啊！”没有想到，在受话器另一端的沃森听到了通过电线传来的呼叫声。这句极普通的话，也就成为人类第一句通过电话传送的语音而记入史册。

图 2-19　电话发明者贝尔

1881 年，电话传入中国。英籍电气技师皮晓浦在上海十六铺码头附近架起一条电话线路，开办公用电话收费业务。1882 年，丹麦大北电报公司在上海外滩设立了第一个电话局。

三、无线通信的发明

1886 年赫兹证明了电磁波的存在，并断言电磁波没有什么用处。可是，有两个年轻人从赫兹实验的火花中看到了它广阔的应用前景。这两个年轻人就是俄国的亚历山大·斯特潘诺维奇·波波夫（Alexander Stepanovich Popov，1859—1906，见图 2-20）和意大利的吉列尔莫·马可尼（Guglielmo Marconi，1874—1937，见图 2-21）。

1896 年 3 月，波波夫发射了通信距离为 250 米的世界上第一份无线电报，并由接收机的记录器记录了下来，电文是“海因里希·赫兹”。

意大利青年工程师马可尼几乎是与波波夫同时对赫兹的实验结果产生了兴趣，想探索无线通信的道路。马可尼设想，通过加强电磁波的发射能力，也许能增大它的发射距离。于是，他就在自家的庄园里开展了一系列试验。在 1894 年冬，他终于获得初步成功——把电磁波信号传送到大约 9 米远的距离。他又通过改

图 2-20　无线电接收机的发明者波波夫

图 2-21　电报发明者马可尼

变发射天线的结构来提高电磁波发射能力，在一年多后，发射距离增加到 2 000 多米。为了尽快地将他的无线通信技术转入社会实用，移居英国后，他继续进行研究实验，并不断扩大无线电的有效通信距离。1897 年，收发报距离已达到 16 公里，他为英国沿海的灯塔船装备了无线电发报机，以保证海上航行的安全。1899 年，他又出色完成了英法海岸间相距 45 公里的通信任务。1901 年，他实现了横跨大西洋的无线电通信。马可尼虽然在无线电通信实验起步稍晚于波波夫，但他在提高无线通信距离方面做出了杰出贡献。马可尼与另一位阴极射线管发明者德国人卡尔·费迪南德·布劳恩分享了 1909 年诺贝尔物理学奖。那时，他才 35 岁。

思考与练习

2.1　以法拉第和麦克斯韦的研究为例，试说明实验和数学在科学研究中的作用。

2.2　从电磁学理论的建立到通信技术的进步，有哪些科学家分别做出了什么贡献？

2.3　学习完通信技术的进步的内容后，你有何感想？

2.4　一项新技术的发明过程包括哪两个主要阶段？

第3章

电工技术与理论的发展

DIANQIXINXI
ZHUANYEDAOLUN

3.1 电工技术的初期发展

一、人类近代的技术革命

技术革命也称为工业革命或产业革命，它是人类近代文明发展的基础，决定了人类社会工业化发展和生活水平提高的趋向。到现在为止，技术革命的历程大致分为三个阶段：第一阶段，从 18 世纪中叶到 19 世纪中叶，以工业生产机械化为特征；第二阶段，从 19 世纪后半期到 20 世纪中叶，以工业生产电气化为主要标志；第三阶段，从 20 世纪中叶到 21 世纪初，以社会生产与人居生活电子化、信息化为特点。

第一次技术革命的中心在英国。其主要的理论基础之一是牛顿力学，解决动力问题的标志性成果是瓦特改良的蒸汽机。该蒸汽机主要应用于纺织业、交通运输业、冶金采矿业、机器制造业等领域。

1875 年左右发生的第二次技术革命的中心在美国和德国。它主要表现在新能源的利用、新机器与新产品的制造、远距离信息传递技术的应用三个方面。第二次技术革命在人类发展史上占有重要的地位，其主要成果是电力、钢铁、化工三大技术和汽车、飞机、无线电通信三大文明。第二次技术革命极大地改变了人类社会的面貌。第二次技术革命的主要标志是电气化、内燃机的应用与化学工业的兴起，重工业、动力工业、能源工业、化学工业等领域崛起并迅速发展。在第二次技术革命中，电工技术获得飞速发展，电磁学理论与电路理论的建立为它奠定了基础。

虽然第二次技术革命的中心在美国和德国，但是许多主要的新理论、新技术的发明仍然在英国。英国由于在工业技术上主要依赖蒸汽机，担心电工技术的应用所带来的设备更新会增加额外的投资，因而错失良机。没有传统技术负担的美国、德国由于电工技术的广泛应用终于超过了英国，成为世界工业强国。

二、电工技术的初期发展

第二次技术革命是从电工技术及其应用开始的。1831 年，英国物理学家法拉第发现电磁感应原理，奠定了发电机的理论基础。1857年，英国企业家赫尔姆斯在法拉第的帮助下，成功研制了蒸汽动力永磁发电机。

1866年，德国工程师、实业家恩斯特·维尔纳·冯·西门子（Ernst Werner von Siemens，1816—1892，见图3-1）发明了自激式励磁直流发电机。该发电机用电磁铁代替永久磁铁，利用发电机自身产生的一部分电流向电磁铁提供励磁电流，使发电机的出力提高。

图3-1　工程师、实业家西门子

1870年，法国籍比利时电气工程师齐纳布·格拉姆（Zénobe Grammme，1826—1901）发明了实用自激式直流发电机（见图3-2）。这种发电机虽然效率还不高，但能提供较高的输出电压并输出较大的功率（最大达100千瓦），具有实用价值。至此，电流不再依赖实验装置产生，而由结构可靠、电流稳定的发电机提供。

1875年，改进后的格拉姆发电机输出功率大、运行稳定、经济性能好，安装在世界第一座火电厂——巴黎北火车站发电厂，为车站附近弧光灯提供电源。

1879年10月，美国发明家托马斯·阿尔瓦·爱迪生（Thomas Alva Edison，1847—1931，见图3-3）发明了电灯（见图3-4）。由于灯丝是用碳化了的棉线做成的，电灯的使用寿命比较短，当时并未引起社会的广泛注意。后来经过多次改进，才提高了电灯的使用寿命。1882年，爱迪生建成美国第一个商业直流发电厂纽约珍珠街火电厂。该厂装有6台直流发电机组，装机容量共660千瓦，通过110伏电缆供电，最大送电距离为1.6公里，供6 200盏白炽灯照明用。其后，爱迪生又建

图 3-2　格拉姆发明的实用自激式直流发电机

立了威斯康星州亚普尔顿水电站,完成了初步的电力工业技术体系建设。1889年,金融大亨摩根加入了爱迪生的电气公司,使美国的电气化步伐加快。

图 3-3　发明家爱迪生

图 3-4　爱迪生发明的电灯

1885 年意大利科学家法拉里提出的旋转磁场原理,对交流发电机的发展具有重要的意义。

美国发明家、工业家乔治·威斯汀豪斯(George Wistinghouse, 1846—1914)自 1870 年代就开始研究电机。1885 年,他购买了法国高拉德(1850—1888)和英国吉布斯于 1881 年发明的供电交流系统的专利权。他与研制变压器和配电设备的斯坦利、发明多项交流发电机和感应电动机的特斯拉、研制测量设备的沙伦伯格等，共同发明了交流发电、供电系统，并在匹兹堡创建了交流配电网。

美籍南斯拉夫发明家、电气工程师尼古拉·特斯拉(Nikola Tesla，1856—1943，见图 3-5)在 1883 年发明了世界上第一台感应电动机。美国采用 60 赫兹作为工业用电的标准频率与他有很大关系。基于在威斯汀豪斯的企业中所做出的贡献，特斯拉获得了声誉。1887 年在西方联合电报公司的资助下，特斯拉建立特斯拉电气公司。1888 年，他发明了两相异步特斯拉电动机和交流电力传输系统，他的多相交流发电、输电、配电技术也被社会接受。1890 年，特斯拉发明高频发电机。1891 年，特斯拉发明特斯拉线圈(变压器)，特斯拉线圈后来被广泛应用于无线电、电视机和其他电子设备中。1893 年，特斯拉发明了无线电信号传输系统。特斯拉一生中拥有 700 多项专利。为了纪念他，1960 年第 11 届国际计量大会确定采用特斯拉作为磁感应强度的单位。

1888 年，俄国工程师多利沃·多布罗夫斯基(见图 3-6)和德尔伏发明了三相交流制。次年，三相交流电由试验到应用取得成功。不久三相发电机与三相电动机相继问世，这就为三相交流电在世界上的普遍应用奠定了基础。1891 年，在德国劳芬电厂安装了世界第一台三相交流发电机，并建成第一条三相交流输电线路。

图 3-5　发明家、电气工程师特斯拉

图 3-6　多布罗夫斯基

美国在 1882 年仅有 3 个直流发电厂。1886 年，美国开始建设交流发电厂，功率为 6 千瓦，采用单相制。此后美国电厂建设蓬勃发展，到 1902 年便增至 3 621 座。欧洲各国在这一时期也建起了大批电厂。到 20 世纪初，人类便结束了自 1796 年由英国瓦特发明蒸汽机起所开创的蒸汽时代，跨入了面貌全新、更为先进的电气时代。单就三相制交流技术的应用、电力事业的创建与发展来说，世界上从创造、试验到普遍应用，至今才 100 多年。

电能的开发和利用，引起了人类社会生产、生活翻天覆地的变化。独立的电力工业体系也逐步形成、壮大。列宁认为，电力工业是最能代表最新的技术成就，代表 19 世纪末 20 世纪初的资本主义的一个工业。

3.2 电工理论的建立

一、电路理论的建立

电路理论作为一门独立的学科登上人类科学技术的舞台已有 200 多年了，从用莱顿瓶和变阻器描述问题的原始概念和分析方法逐渐演变成为一门严谨、抽象的基础理论科学，其间的发展和变化贯穿于整个电气科学技术的萌发、不断进步与成熟过程之中。如今它不仅成为整个电气科学技术中不可或缺的支柱性理论基础，同时也在开拓、发展和完善自身和新的电气理论中起着十分重要的作用。

早在 1778 年，伏特就提出电容的概念，给出了导体上储存电荷的计算方法 $Q=CU$，而不必从整个静电场去计算。

在 1826 年欧姆提出欧姆定律和 1831 年法拉第提出电磁感应定律之后，1832 年亨利提出了表征线圈中自感应作用的自感系数 L，即磁通 $\Phi=Li$。

楞次提出，导体中由电磁感应产生的电流也遵守欧姆定律。

1844 年 5 月 24 日，在华盛顿的国会大厦联邦最高法院会议厅里，莫尔斯用有线电报机进行了首次公开通信演示。

为电路理论奠定基础的是伟大的德国物理学家古斯塔夫·罗伯特·基尔霍夫(Gustav Robert Kirchhoff，1824—1887，见图 3-7)。在 1845 年，基尔霍夫作为刚满 21 岁的大学生就提出了关于任意电路中电流、电压关系的两条基本定律。基尔霍夫所总结出的两个电路定律，发展了欧姆定律，奠定了电路系统分析方法的基础。1847 年基尔霍夫首先使用了“树”来研究电路，只是由于他当时的论点太深奥或者说超越了时代，这种方法在电路分析中的实际应用停滞了近百年。

1853 年，英国物理学家威廉·汤姆逊(William Thomson，1824—1907，亦名开尔文，见图 3-8)采用电阻、电感和电容的串联电路模型来分析莱顿瓶的放电过程，并发表了《莱顿瓶的振荡放电》论文。由此，建立了动态电路的分析基础。

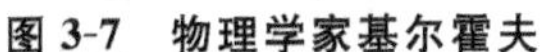

图 3-7 物理学家基尔霍夫

图 3-8 物理学家汤姆逊

1855 年，汤姆逊发表了电缆传输理论论文。他采用电容、电阻构成的梯形电路，来构成长距离电缆的等效电路模型，分析了电报信号经过长距离传送出现衰减、延迟、失真的原因。

1853 年，德国物理学家赫尔曼·冯·亥姆霍兹(Hermann von Helmholtz，1821—1894，见图 3-9)提出电路中的等效发电机原理。

1857 年，基尔霍夫对长距离架空线路建立了分布参数电路模型。他认为，架空线路与电报电缆不同，架空线上的自感元件不能忽略，从而改进了电路模型，并推导出了完整的传输线的电压及电流方程，人们称之为电报方程或基尔霍夫方程。

1880 年，英国的霍普金森提出了形式上与电路欧姆定律相似的计算磁路用的欧姆定律，还提出了磁阻、磁势等概念。他又引用铁磁材料的磁化曲线，并考虑磁滞现象影响来设计电机。

1891 年，多布罗夫斯基在法兰克福举行的国际电工会议上提出了关于交流电理论的报告："磁通是取决于所加电压的大小，而不是取决于磁阻。而磁阻的变化只影响磁化电流的大小。如果磁通的变化是正弦函数形式的，则电动势或电压也是正弦函数形式的，但二者相位差 90°。"他还将磁化电流分成两个分量，即有功分量与磁化分量。他提出交流电的基本波形为正弦函数形式。

在德国出生的美籍电气工程师查尔斯·普罗特斯·施泰因梅茨(Charles Proteus Steinmetz，1865—1923，见图 3-10)对交流电路理论的发展做出巨大贡献。他于 1893 年创立了计算交流电路的实用方法——相量法,并向国际电工委员会报告,该方法受到了广泛欢迎并得到迅速推广。相量法就成为分析正弦交流电路的重要工具,一直沿用至今。同年,他加入美国通用电气公司,负责为尼亚加拉瀑布电站建造发电机。之后,他又设计了能产生 10 千安电流、100 千伏高电压的发电机。他还研制成避雷器、高压电容器。晚年,他开发了人工雷电装置。他一生获得近 200 项专利,专利涉及发电、输电、配电、电照明、电机、电化学等领域。

图 3-9　物理学家亥姆霍兹

图 3-10　电气工程师施泰因梅茨

1911 年英国自学成才的物理学家、电气工程师奥利弗·亥维赛(Oliver Heaviside, 1850—1925,见图 3-11)提出正弦交流电路中阻抗的概念,用相量法分析正弦交流电路时,阻抗也是一个复数,其实部是电阻,虚部是电抗。亥维赛还提出

图 3-11　物理学家、电气工程师亥维赛

了求解电路暂态过程的运算法。然后,亥维赛的运算法就被拉普拉斯(见图 3-12)的拉普拉斯变换取代,因此后人将用于动态电路分析的运算法称为拉普拉斯变换。这一方法也称为积分变换法,一直沿用至今。

1822 年法国数学家傅立叶(Jean Baptiste Joseph Fourier, 1768—1830,见图 3-13) 在一本专著中提出的用他的姓氏命名的级数和变换分别在非正弦电路分析、信号处理中用到。傅立叶级数(即三角级数)、傅立叶分析等理论都是由此创立的。

图 3-12　数学家拉普拉斯

图 3-13　数学家傅立叶

1918 年,查尔斯·莱格特·福提塞克提出了对称分量法。用对称分量法可将不对称三相电路化为对称三相电路。这一方法至今仍为分析三相交流电机、电力系统不对称运行的常用方法。

1952 年,荷兰菲利普研究实验室学者伯纳德·特勒根(Bernard Tellegen)提出了集总参数电路中很普遍、很有用的定理,人们称之为特勒根定理。特勒根定理的普遍性和基尔霍夫定律相当。

二、电网络理论的建立

20 世纪初,通信技术的兴起促进了电网络理论的研究。

1920 年,坎贝尔与瓦格纳研究了梯形结构的滤波电路。1923 年,坎贝尔还提出了滤波器的设计方法。

1924 年，福斯特提出了电感、电容二端网络的电抗定理。此后便建立了由给定频率特性而设计电路的电网络综合理论。

1932 年，瑞典科学家奈奎斯特提出了由反馈电路的开环传递函数的频率特性，来判断闭环系统稳定性的判据。

1945 年，美国伯德出版了《网络分析和反馈放大器设计》一书，书中总结了负反馈放大器的原理，由此形成了分析线性电路、控制系统的，应用广泛的频域分析方法。

自从马林·梅森(Marin Mason)于 1953 年采用信号流图分析复杂回馈系统以来，图论一直是网络理论研究中的一个重要方面。

有源网络的分析和综合是电网络理论的一个热门领域。自从 1948 发明了晶体管以后，各种半导体器件纷纷问世。1952 年杰夫·达默首先提出了集成电路(IC)的设想，20 世纪 50 年代末第一批集成电路制成，由此对有源器件的电路分析和综合就成为电路理论中的一个重要内容。另一方面，1964 年 B. A. Shenoi 用晶体管实现了回转器后，有源装置可以很方便地用包含回转器与电阻器的等效电路来表示，而任何电器组件包括各种特性的负阻器又都可以用有源器件综合出来，这使得有源网络的分析和综合具有非常重要的实际意义。

多端器件和集成电路器件的出现为电路提供了许多新组件，对这些新组件进行建模及仿真成为一个急需解决的突出问题。

为了进一步使模拟电路大规模集成化，开关电容网络和开关电容滤波器进入了电路理论的研究领域。

被称为电路理论中第三类问题(第一类问题是分析，第二类问题是综合设计)的模拟电路故障诊断是 20 世纪 80 年代开始兴起的一个研究领域。这个问题是在 1962 年首先由 R. S. Berkowitz 提出的，但直到 20 世纪 70 年代末才开始引起人们的注意。目前解决模拟电路故障诊断的方法从理论到实际应用之间还存在着很多尚未突破的问题。另外，故障诊断中还存在故障可测性的问题，这实际上就是故障可诊断的设计问题。目前对于故障可诊断性的问题还研究得不多，这主要是因为建立起一种满意的诊断方法较为困难。

电路的数字综合是电路理论研究的一个新方向。由于集成电路和微处理器的发展，大多数用模拟系统执行的功能都可以使用数字系统实时完成，因而当前数字滤波是研究得最多的。

20 世纪中期以后电子计算机的出现，为电工理论的应用提供了强有力的工具。电网络的计算机辅助分析、计算机辅助设计应运而生。

电工理论与其他学科的理论相互借鉴，继续在新的技术进步中共同发展。

三、电磁场理论的建立

法拉第认为，电磁场是真实的物理存在，并可用电力线和磁力线来表示。他还认为，空间各处的电磁场不能突然发生，而是从电荷及电流所在之处逐渐向周围传播的。他的这些论断，被英国科学家麦克斯韦继承。

电磁场科学理论体系的创立要归功于伟大的物理学家同时也是数学教授的麦克斯韦。麦克斯韦在 1856 年发表《论法拉第力线》一文，对力线进行了严格的数学描述；在 1861 年发表的《论物理力线》的重要论文中提出了电位移的概念，并称电位移矢量的时间导数为位移电流密度。1864 年麦克斯韦发表了《电磁场的动力学理论》论文，他采用法国数学家拉格朗日和爱尔兰数学家哈密顿在力学中所用的方法，描述电磁场的空间分布和时间变化规律，提出了电磁场的基本方程组，有 20 个方程、20 个变量。后经德国物理学家赫兹和英国电气工程师亥维赛的整理与简化，才成为描述电磁场的麦克斯韦方程组，共 4 个方程。根据这组方程，麦克斯韦导出了电磁场的波动方程，并预言电磁波的传播速度正是光速，从而断定光也是电磁波。

1887 年赫兹用实验证明了电磁波的存在，麦克斯韦的预言得到证实。麦克斯韦的电磁场理论具有相当普遍的意义，成为电工技术（包括无线电技术）的基本依据。

进入 20 世纪，研制各种电工设备，往往需要分析其中的电磁场分布，结合工艺、材料等方面的要求来设计和改进产品。而电磁场的分析，虽然有电磁场的方程提供了做这类分析的依据，但由于实际问题往往非常复杂，能用解析方法做出分析的问题是很有限的，因此在电工技术中常采用物理模型实验及 20 世纪 40 年代提出的模拟方法来分析解决这些问题。

20 世纪 50 年代以来，由于电子计算机的发展，有了求数值解的有力手段，从而扩大了可以进行计算的问题的范围，电路仿真技术、电磁场仿真技术也逐步推广使用。电工理论随着科学技术的进步而不断地发展。

3.3　电与新技术革命

在第二次世界大战期间，出于战争的需要，各大国加强了科学技术的研究，促成了以核能、电子计算机、宇航这三大技术为代表的新技术的兴起，推动了20世纪中叶以后的第三次技术革命。第三次技术革命也称为新技术革命，它是由开发人脑的教育产业和制造电脑的科研产业共同作用的成果。它使社会的产业结构发生了根本性的变革：先进的农业生产技术取代了传统农业生产技术，技术密集型工业取代了传统劳动密集型工业，全新的产业不断涌现。

一、新理论的创立

信息论的创始人克劳德·艾尔伍德·香农(Claude Elwood Shannon，1916—2001，见图3-14)于1948年在《贝尔系统技术学报》上发表了他的长篇论著《通信的数学理论》。第二年，他又在同一杂志上发表了另一名著《噪声下的通信》。在这两篇论著中，他解决了过去许多悬而未决的问题，经典地阐明了通信的基本理论，提出了通信系统的模型，给出了信息量的数学表达式，解决了信道容量、信源统计特性、信源编码、信道编码等有关精确地传送通信符号的基本技术问题。两篇文章成了现代信息论的奠基性著作。而香农也一鸣惊人，成了这门新兴学科的创始人。

系统理论的创始人路德维希·冯·贝塔朗菲(Ludwig von Bertalanffy，1901—1972，见图3-15)是现代著名理论生物学家、一般系统论的创始人。20世纪

图3-14　信息论的创始人香农

图3-15　系统理论创始人贝塔朗菲

20 年代，贝塔朗菲在研究理论生物学时，用机体论生物学批判并取代了当时的机械论生物学和活力论生物学，建立了有机体系统的概念，提出了系统理论的思想。从 20 世纪 30 年代末起，贝塔朗菲就开始从研究有机体生物学转向建立具有普遍意义和世界观意义的一般系统理论。1945 年他发表了《关于一般系统论》，这可以看作他创立一般系统论的宣言。

控制理论的创始人是诺伯特·维纳（Norbert Wiener，1894—1964，见图 3-16）。1933 年，维纳凭借有关陶伯定理的工作与莫尔斯分享了美国数学学会五年一次的博赫尔奖。同时，他当选为美国国家科学院院士。1935—1936 年他在中国清华大学做访问教授，与电机工程系教授李郁荣合作研究傅里叶变换滤波器。维纳对科学发展所做出的最大贡献是，创立了控制论。这是一门以数学为纽带，研究自动调节、通信工程、计算机科学、计算技术、神经生理学和病理学等学科的共性问题而形成的边缘学科。1947 年 10 月，维纳写出划时代的著作《控制论——或关于在动物和机器中控制和通信的科学》。

图 3-16　控制理论创始人维纳

二、电子计算机技术

电工技术和无线电技术的发展是电子计算机诞生的前提。20 世纪初，为了提高供电系统的安全性，在电工技术中普遍使用继电器等器件对电气设备进行保护控制。20 世纪 30 年代，无线电广播已遍布全球，这就要求电子电路、元器件生产技术提高到新水平。而第二次世界大战期间，快速计算炮弹弹道轨迹的战争需要,则是促使计算机诞生的直接原因。

1938 年,一位在柏林飞机公司担任统计工作的德国人——楚泽出于想偷懒的动机,设计制造了一台名为“Z1”的由程序控制的计算机,用以代替人工完成部分统计工作。经过三年的试用和改进,他于 1941 年设计并制造出一台由电子管与机械继电器控制的计算机。该计算机命名为“Z3”,计算速度有所提高。随后,在欧洲陆续设计出一些机械计算机,用以代替人工计算。

ENIAC(电子数字积分计算机,英文全称为 electronic numerical integrator and computer,见图 3-17)是世界上第一台通用计算机,它于 1946 年 2 月 14 日在美国宣告诞生。

图 3-17　世界上第一台通用计算机 ENIAC

第二次世界大战期间,宾夕法尼亚大学莫尔电机工程学院的约翰·莫奇利(John Mauchly,见图 3-18)于 1942 年提出了试制第一台电子计算机的初始设想——高速电子管计算装置的使用,希望用电子管代替部分继电器以提高机器的计算速度。美国军方得知这一设想,马上拨专款大力支持,成立了一个以莫奇利、埃克特(Eckert)为首的研制小组。时任弹道研究所顾问、正在参加美国第一颗原子弹研制工作的匈牙利裔美籍数学家约翰·冯·诺依曼(John von Neumann,1903—1957,见图 3-19)带着原子弹研制过程中遇到的大量计算问题,在研制过程中期加入了研制小组。莫奇利对计算机的许多关键性问题的解决做出了重要贡献,从而保证了计算机的顺利问世。

图3-18 莫奇利博士

ENIAC体积庞大，耗电惊人，但ENIAC宣告了一个新时代的开始，从此科学计算机的大门打开了。

“计算机之父”的桂冠，被戴在数学家冯·诺依曼的头上，而不是ENIAC的两位实际研究者的头上，这是因为冯·诺依曼提出了现代计算机的体系结构。1945年6月，冯·诺依曼与戈德斯坦、勃克斯等人，联名发表了一篇长达101页纸的报告，即计算机史上著名的“101页报告”。该报告明确规定出计算机的五大部件，即计算器、逻辑控制装置、存储器、输入装置和输出装置，并指出用二进制替代十进制进行运算。

英国数学家阿兰·图灵(Alan Turing，1912—1954，见图3-20)生于伦敦。他

图3-19 冯·诺依曼

图3-20 数学家阿兰·图灵

是计算机科学的先驱者、破译纳粹密码的关键人物。他的研究成果——数理逻辑和计算理论为计算机的诞生奠定了基础。许多人工智能的重要方法也源自这位伟大的科学家。

1952 年底，美国国际商业机器公司（IBM）的第一台存储程序计算机 IBM701（见图 3-21）在纽约问世。

1946 年至 1958 年生产的第一代计算机使用真空电子管，其体积庞大，耗电量惊人。

图 3-21 IBM701

1959 年至 1963 年生产的第二代计算机使用了晶体管。1959 年美国菲尔克公司研制的第一台晶体管计算机体积小、质量轻、耗电省，而运算速度提高到每秒几十万次基本运算。

第一代、第二代计算机主要在军事、科研、政府机关等机构使用，用于火箭、卫星、飞船等的设计与发射，气象预报，飞机制造，航空业务管理等领域。

1964 年至 1970 年生产的第三代计算机使用集成电路代替分立元件晶体管。1964 年美国 IBM 公司研制的第一台通用集成电路 3690 计算机，运算速度达到每秒千万次基本运算，成本大规模降低，计算机开始进入普及阶段。

1971 年至现在生产的第四代计算机使用了大规模与超大规模集成电路元件。1980 年全球拥有的微型计算机超过 1 亿台。计算机开始进入社会化、个人化阶段。机关、学校、企业及个人开始购买并使用计算机。

当前计算机的发展趋势是微型化、巨型化、网络化和智能化；未来计算机的发展趋势是高速超导计算机、光计算机、生物计算机、DNA 计算机等更快速、智能化程度更高的计算机。

三、自动控制技术

自动控制是指在没有人直接参与的情况下，利用控制装置，对生产过程、工艺参数、目标要求等进行自动的调节与控制，使之按照预定的方案达到要求的指标。自动控制技术属于信息科学和信息技术范畴，是信息处理的一项新技术。

在生产领域，计算机被应用于实时控制，形成计算机管理生产系统，推动了自动化生产。生产自动控制技术早在19世纪初就已出现。1946年，美国的福特提出自动化概念。1948年，美国麻省理工学院教授维纳博士发表《控制论——或关于在动物和机器中控制和通信的科学》后，自动控制研究掀起热潮。1952年，美国麻省理工学院运用电子计算机和自动控制技术研制出三坐标数控铣床，该机床能按最佳控制要求在无人操作情况下加工复杂的曲面零件。机床工业从此进入数控新时代。到1965年，美国数控机床达到机床产量的五分之一。

接着，全自动化生产又经历了从生产线、生产车间到工厂的进步。在这一过程中，发电厂、炼油厂、化工厂、钢铁厂等企业很快实现了自动线与计算机的结合，极大地提高了生产效率，也提高了产品质量。自动化还开始应用到办公室和家庭，使管理工作更加科学，使日常生活更加方便、舒适。

四、能源新技术

能源是经济和社会发展的重要的物质基础，是实现四个现代化以提高我国人民生活水平的先决条件。

新技术革命中，能源问题受到特别重视。能源新技术包括各种能源资源从开采到最终使用各个环节的先进技术，如洁净煤技术、核能新技术、新能源技术和节能新技术等。其中洁净煤技术包括先进燃烧和污染处理技术、煤的气化与液化技术，核能新技术包括新一代压水堆核电站技术、核燃料的增殖——快中子增殖反应堆技术、新的供热资源——低温核供热堆和高温气冷堆技术、受控热核聚变能技术等，新能源技术包括太阳能新技术、风能技术、物质能利用新技术、波浪能和潮汐能利用技术、氢能利用技术等，节能新技术包括余热回收利用技术、电子电力技术、高效节能电机技术、高效节能照明技术、远红外线加热技术、电热膜加热技术等。

在新技术革命中，人类继续直接或间接使用天然能源。20世纪70年代，法国在朗斯河口建成世界上第一座大型潮汐发电站；20 世纪 80 年代，美国在夏威夷建成一座 10 万千瓦的温差发电厂。到现在为止，世界上许多国家都在开发太阳能、风能发电项目，煤炭的液化、气化和石油综合利用等新技术的研究取得了可喜的成果。

原子能的开发和利用是人类所完成的最伟大的能源革命。1954 年 6 月，苏联在奥布宁斯克建成世界上第一座核电站(装机容量只有 5 000 千瓦)。1956 年 10 月和 1957 年，英国和美国也相继建成核电站(装机容量分别为 10 万千瓦和23.6 万千瓦)。1991 年 12 月，中国第一座依靠自己的力量设计、建造的核电站——秦山核电站(见图 3-22)首次并网发电。其装机容量为 30 万千瓦。

图 3-22　中国第一座依靠自己的力量设计、建造的核电站——秦山核电站

五、航空航天技术

航空航天技术是 20 世纪 50 年代后期蓬勃发展起来的一门新兴的、综合性的高新技术。它主要是利用空间飞行器作为手段来研究发生在空间的物理、化学和生命等自然现象，它综合应用了几百年来人类在数学、天文学、物理学、生物学和医学等方面的研究成果，又和当代许多科学，如控制理论、系统理论、信息理论、计算机科学与技术、材料科学、电子科学与技术等的发展密切相关，是衡量一个国家科技水平、综合国力和发展程度的主要标志之一。

人类在月球上留下的脚印如图 3-23 所示，宇航员在月球上行走如图 3-24 所示。

航空航天技术是许多科学技术的综合，它具有巨大的科学价值和经济意义。航空航天技术的研究和开发已发展成为一项利润丰厚的产业。航空航天技术的发

图 3-23　人类在月球上留下的脚印

图 3-24　宇航员在月球上行走

展，需要大量先进的电子仪器、设备，对新材料技术、电子信息技术、精密加工技术等也提出极高的要求。航空航天技术对整个科学技术领域、国民经济与社会发展都产生巨大影响，代表着一个国家的科技、工业发展的水平，并带动许多工业技术的发展。

中国长征三号在西昌发射如图 3-25 所示，在发射过程中的美国航天飞机如图 3-26 所示。

图 3-25　中国长征三号火箭在西昌发射

图 3-26　在发射过程中的美国航天飞机

六、电子信息技术

电子信息技术是指借助以电子技术为基础的计算机技术和电信技术相结合而形成的技术手段，对声音、图像、文字等各种信号进行获取、加工、处理、存储、传播和使用的先进技术。

20 世纪是通信技术迅速发展的世纪。1920 年，当人们发现电离层对无线电短波的反射作用后，短波通信就成为国际通信的主要传输手段，通信距离也有了极大增加。1935 年，雷达研制成功并迅速应用于军事及民用通信领域，促进了微波通信技术的发展。第二次世界大战后兴起微波多路通信技术，在一条微波通信信道上能同时开通数千路甚至数万路电话。微波波长短，具有直线传播的局限性，在地面上传播时容易被障碍物反射，因此它的传播只在视距范围内有效。要实现远距离传送信号，必须每隔一段距离建立一个中继站用以安装收、发设备来转发信号。

20 世纪 60 年代以后，无线电通信进入卫星时代。卫星通信克服了微波中继通信的缺点，而且利用波长短、穿透力强的特性，可以突破大气层特别是电离层对一般无线电波的屏蔽作用，使通信范围延伸到宇宙空间。

在太空工作的通信卫星（概念图）如图 3-27 所示。

图 3-27　在太空工作的通信卫星（概念图）

另一方面，由于计算机在信息的传输、接收和处理过程方面具有高效能和通用性，其发展和应用成为信息技术革命的中心。

通信技术的飞速发展还表现在传真机、寻呼机、移动电话等的大量生产和使用上。移动通信是高频无线电波在移动物体之间或在移动物体与固定物体之间进行信息传输交流的通信方式，是当前发展最快的通信领域。信息服务业已成为世界上发展最快的新兴行业之一。

目前，世界各国都致力于高新技术的发展。在 21 世纪研究开发的高新技术领域中，电子信息技术是重点研究开发领域。人类文明的发展历史告诉我们，科学技术的每一次重大突破，都会引起生产力的深刻变革与人类社会的巨大进步。科学技术已成为推动生产力发展的最活跃的因素和促进社会进步的决定性力量。电子信息技术的不断发展必将给人类社会带来美好前程。

七、新材料技术

新技术革命带来材料科学的巨大变革，具有优异特性、特殊功能的新型材料层出不穷。它们主要包括合成化学材料、半导体材料和超导材料。

现代高分子聚合物主要是以煤、石油和天然气做原料生产的合成纤维、合成橡胶与塑料三大合成材料。它们逐渐取代天然纤维、天然橡胶和木材等大部分天然材料，在解决人们的穿着、建筑和交通等方面做出了巨大贡献。

毫不夸张地说，20 世纪 70—90 年代的大多数技术成就，主要取决于微电子技术的发展。晶体管是 20 世纪的一项重大发明，其问世是微电子革命的先声。1958 年，基尔比（见图 3-28）研制出世界上第一块集成电路。晶体管、集成电路的发明带来了电子工业革命并催生出半导体电子学。硅生产技术的进步，使大功率

图 3-28　发明家基尔比

晶体管、整流器、太阳能电池和集成电路的生产得以迅速发展,半导体工业崛起。科技界正在探索新的半导体材料,如化合物半导体材料、有机半导体材料等。

超导现象最早是由荷兰物理学家昂尼斯于 1911 年发现的。迄今为止,已发现地球常态下的 28 种金属元素及合金和化合物具有超导电性。还有一些元素只在高压下具有超导电性。1958 年,美国伊利诺伊大学的巴丁、库柏和斯里弗提出超导电量子理论(简称巴库斯理论),超导电研究开始进入微观领域。

在新技术革命中,科学的地位更加突出。以生命科学为例,其研究经历了从群体、个体、细胞发展到分子水平的进步,从而提出用基因工程来改造生物的观点,并被广泛用于生产、生活领域。

3.4 新理论、新材料对电工技术的影响

一、20 世纪下半叶对电工技术有影响的研究成果

20 世纪 50 年代以后,在受控热核聚变研究和空间技术的推动下,等离子体物理学与放电物理学蓬勃发展,在理论和应用两方面都取得丰硕成果。

放电物理学主要研究气体放电的物理图像和气体放电中的各种基本过程。

等离子体是宇宙中绝大部分可见物质的存在形式,其密度跨越 30 个量级而温度跨越 8 个量级。作为迅速发展的新兴学科,等离子体物理学涵盖受控热核聚变、低温等离子体物理及其应用、基础等离子体物理、国防和高技术应用、天体和空间等离子体物理等分支领域。这些研究领域对人类面临的能源、材料、信息、环保等许多全局性问题的解决具有重大意义。

由电磁流体力学的理论而获得的磁流体发电是一种新型的发电方法。它把燃料的热能直接转化为电能,省略了由热能转化为机械能的过程,因此,这种发电方法效率较高,可达到 60%以上。燃煤磁流体发电(也称为等离子体发电)技术,就是磁流体发电的典型应用。

直线电机可以认为是旋转电机在结构方面的一种变形,它可以看作是一台旋转电机沿其径向剖开,然后拉平演变而成的。

由激光器发出的光有相干性良好、能量密度高等特点,它首先在计量技术中得到应用,20 世纪 60 年代末人类又利用它实现了光纤通信。这一技术是当代电

子技术的又一大进展。它在电力系统通信中得到广泛应用。

20 世纪的许多重大技术进步都是在多方面的理论和技术综合应用的基础上实现的。电工技术在新技术进展中起着不可缺少的支持作用，新的技术进展又不断促进电工技术的进步。

二、21 世纪上半叶电工技术的发展趋势

受控热核聚变是等离子体最诱人的领域，也是彻底解决人类能源危机的根本办法。它是指在人工控制条件下，将氢元素在高温等离子体状态下约束足够长时间，使其发生大量的原子核聚变反应而释放出能量的核反应过程。中国于 2003 年加入国际热核实验反应堆计划。位于安徽合肥的中国科学院等离子体物理研究所是国际热核实验反应堆计划的中国主要承担单位，其研究建设的全超导非圆截面托卡马克核聚变实验装置 EAST(见图 3-29)，于 2006 年 9 月 28 日首次成功完成了放电实验。

图 3-29　全超导非圆截面托卡马克核聚变实验装置 EAST

思考与练习

3.1　在电工技术的初期发展过程中，有哪些科学家分别做出了什么贡献？

3.2　电工理论包含哪几个方面？它对电工技术的发展有何作用？

3.3　在对电磁现象的研究过程中，人类发现了哪些主要定律？

3.4　在新技术革命过程中取得了哪些主要成果？其中哪些成果对电气工程产生了影响？有何影响？

第4章

电能利用与发电类型

DIANQIXINXI
ZHUANYEDAOLUN

4.1 电能利用

一、能源的分类

能源是能够为人类提供各种形式能量的自然资源及其转化物，是国民经济发展和人民生活所必需的重要物质基础。一般来说，一个国家的国民生产总值和它的能源消费量大致是成正比的，能源的消费量越大，产品的产量就越大，整个社会也就越富裕。例如，美国、日本、英国、法国和意大利等工业发达国家的人口总和约占世界人口的1/5，而能源消费量约占世界能源总消费量的2/3。

按照国际能源组织对能源的分类，能源按产生的方式可分为一次能源和二次能源。一次能源是指各种以现成形式存在于自然界而未经人们加工转换的能源，如水、石油、天然气、煤炭、太阳能、风能、地热能、海洋能和生物能等。一次能源在未被开发而处于自然形态时称作能源资源。世界各国的能源产量和消费量，一般均指一次能源。为了便于比较和计算，惯常将标准煤或油当量作为各种能源的统一计量单位。二次能源则是指直接或间接由一次能源转化或加工制造而产生的其他形式的能源，如电能、煤气、汽油、柴油、焦炭、酒精、氢能、洁净煤、激光和沼气等。一次能源除了在少数情况下能够以原始状态使用外，更多的则是根据所需的目的对其进行加工，将其转换成便于使用的二次能源。随着科技水平和社会现代化要求的逐步提高，二次能源在整个能源消费系统中所占的份额将会日益扩大。

一次能源还可进一步细分。凡是可以不断得到补充或能在较短周期内再产生，即具有自然恢复能力的能源称为可再生能源。根据联合国的定义，可再生能源又可分为传统的可再生能源和新的可再生能源。传统的可再生能源主要包括大水电和利用传统技术的生物能源；新的可再生能源主要指利用现代技术的小水电、太阳能、风能、生物质能、地热能和海洋能等。随着人类的利用而逐渐减少的能源称为不可再生能源，如煤炭、原油、天然气、油页岩和核能等，它们经过亿万年才得以形成且在短期内无法恢复再生，用掉一点，便少一点。

按照来源的不同，一次能源又可分为三类，即来自地球以外天体的能源、来自地球内部的能源和地球与其他天体相互作用时所产生的能源。来自地球以外天体的能源主要是指太阳能。各种植物通过光合作用把太阳能转变为化学能，在植物体内储存下来。这部分能量为动物和人类的生存提供了能源，地球上的煤炭、石油和天然气等化石燃料，是由古代埋藏在地下的动植物经过漫长的地质年代而形成的，所以化石燃料实质上是储存下来的太阳能。太阳能、风能、水能、海水温差能、海洋波浪能和生物质能等，也都直接或间接来自太阳。来自地球内部的能源主要是指地下热水、地下蒸汽、岩浆等地热能和铀、钍等核燃料所具有的核能。地球与其他天体相互作用产生的能源主要是指由于地球与月亮和太阳之间的引力作用造成的海水有规律的涨落而形成的潮汐能。

能源分类表如表4-1所示。

表4-1 能源分类表

类别	来自地球内部的能源		来自地球以外天体的能源	地球与其他天体相互作用产生的能源
一次能源	可再生能源	地热能	太阳能、风能、水能、生物质能、海水温差能、海水波浪能、海(湖)流能	潮汐能
	不可再生能源	核能	煤炭、石油、天然气、油页岩	……
二次能源	焦炭、煤气、电力、氢能、蒸汽、酒精、汽油、柴油、重油、液化气、电石			

根据使用的广泛程度，能源又可分为常规能源和新能源。在现有经济技术条件下已经大规模生产并得到广泛使用的能源称为常规能源，如水能、煤炭、石油、天然气和核裂变能等，目前这五类能源几乎支撑着全世界的能源消费。所谓新能源，就是指尚未被人类大规模利用，并有待进一步研究实验的能源，如太阳能、风能、地热能、海洋能、核能和生物质能等。新能源大部分是天然、可再生的，它们构成了未来世界持久能源系统的基础。显然，常规能源和新能源有一个时间上相对的概念。

从环境保护的角度出发，能源还可分为污染能源和清洁能源。清洁能源还可分为狭义的清洁能源和广义的清洁能源两大类。狭义的清洁能源仅指可再生能源，包括水能、生物质能、太阳能、风能、地热能和海洋能等，它们消耗之后可以得到恢复补充，不产生或者很少产生污染物。所以，可再生能源被认为是未来能源结构的基础。广义的清洁能源是指在能源生产、产品化和消费的过程中，对生态环境尽可能低污染或无污染的能源，包括低污染的天然气等化石能源、利用洁净能源技术处理的洁净煤和洁净油等化石能源，以及核能。显然，在未来人类社会科学技术高度发达并具备了强大的经济能力的情况下，狭义的清洁能源是最为理想的环境友好型能源。

世界能源利用过去与未来的变化情况如表 4-2 所示。

表 4-2 世界能源利用过去与未来的变化情况

燃料能源	当量/亿吨		占比/(%)		年增长/(%)
	2007 年	2030 年	2007 年	2030 年	2007—2030 年
石油	40.45	49.02	36.4	31	0.8
煤炭	31.29	44.38	28.2	28.1	1.5
天然气	24.79	38.08	22.3	24.1	1.9
核能	7.36	10.65	6.6	6.7	1.6
水电	2.68	4.48	2.4	2.8	2.3
生物质能	3.94	8.40	3.5	5.3	3.4
其他可再生能源	0.59	3.03	0.5	1.9	7.4
总计	111.09	158.04	100	100	1.5

二、电能的利用

电能是迄今为止人类文明史上最优质的能源。正是有赖于对电能的开发和利用,人类才得以进入如此发达的工业化和信息化社会。人类在电能的产生、传输和利用方面已经取得了十分辉煌的成就。电力与人们的生产和生活息息相关。电气化成为一个国家现代化水平的重要标志,因而发电形式的开发情况也就能从侧面反映一个国家的先进程度。

由于电能易于转化成机械能、热能、光能,价格低廉、容易控制,还便于大规模生产、远距离输送和分配,又是信息的重要载体,所以电能由最初用于照明、电报、电话,迅速扩展,应用于人类生产活动和日常生活的方方面面。

电能在现代工业生产中占有重要地位。从技术上来说,现代工业生产有三项不可缺少的物质条件,一是原料或材料,二是电能,三是机器设备,其中电能是现代工业的血液和神经。

电能与现代化农业的关系十分密切。现代化的农业生产中,耕种和灌溉等一系列环节都直接或间接地消耗电能。随着农业机械化和电气化的发展,农业生产对电能的需求量将日益增加,电力工业的发展水平将直接影响农业生产的发展。人们日常生活和公用事业也都离不开电能。

电能产生的方式繁多,有火力发电、水力发电、核能发电、风力发电和太阳能发电等。就目前的生产力水平而言,以火力发电、水力发电和核能发电为主。

三、电能利用的发展历程

电气工业发展的历史其实也是一部探索电能利用形式、探索如何最大限度地和最经济地利用电能的发明创造史。

早在19世纪上半叶电能用于工业生产之前，作为通信用的电气设备就已经开始进入试用阶段。在这一阶段，电主要用来传递信号，涉及的电气设备有电池、电线电缆和各种电子器件。人类最早发明的电光源是弧光灯和白炽灯。1807年，英国的戴维就研制成了炭极弧光灯。1878年，美国的布拉许利用弧光灯在街道和广场照明中取得了成功。一年后，美国费城的两位高级中学教师汤姆生和霍斯顿通过设计弧光灯系统开创了他们的电工业。

1870年，比利时的格拉姆制成往复式蒸汽发电机，它用于供工厂电弧灯用电。1875年，巴黎北火车站建成世界上第一座火电厂，该发电厂用直流发电供附近照明。1879年，旧金山建成世界上第一座商用发电厂，该商用发电厂用2台发电机供22盏电弧灯，收费10美元/(灯·周)。同年法国和美国先后装设了实验性电弧路灯。1880年，爱迪生又发明了实用白炽灯，开创了电照明的新时代。爱迪生之后，电灯不断改进。1882年7月，英国人利特尔(Little)在上海成立上海电气公司(后改为上海电力公司)，该公司供招商码头电弧灯照明，在中国建立了第一座商用发电厂。同年，法国人德普勒(Deprez)在慕尼黑博览会上演示了电压1 500～2 000伏直流发电机经57千米线路驱动电动泵(最早的直流输电)。1885年，制成交流发电机和变压器，交流发电机和变压器于1886年3月用以在美国马萨诸塞州的大巴林顿建立了第一个单相交流输电系统，电源侧升压至3 000伏，经1.2千米线路，端电压降至500伏，显示了交流输电的优越性。1891年，德国在劳芬电厂安装了第一台三相100千瓦交流发电机，并通过第一条三相输电线路送电至法兰克福。

1907年，美国工程师爱德华(Edward，见图4-1)和哈罗德(Harold)发明了悬式绝缘子，为提高输电电压开辟了道路。1916年，美国建成第一条90千米的132千伏线路。1922年，美国加利福尼亚州建成200千伏线路，该线路于1923年投运。1929年，美国制成第一台20千瓦汽轮机组。1934年，美国建成432千米的287千伏线路。1932年，苏联建成第聂伯水电站，单机容量为6.2万千瓦。1920年时，世界装机容量为3 000万千瓦，其中美国为2 000万千瓦。1939年，管状日光灯问世，并很快被广泛采用，成为一种重要的照明光源。随后，电能用于耗电较小的收音机、电视机和洗衣机等家用电器，此为电能在家庭生活中应用的第一阶段。第二阶段发展到使用耗电较多的电冰箱、厨房用电炉、电热水器和空调设备等，第三阶段发展到电气采暖和家庭生活全面电气化。

图 4-1 工程师爱德华

第二次世界大战以后，美国于 1955 年、1960 年、1963 年、1970 年和 1973 年分别制成并投运 30 万千瓦、50 万千瓦、100 万千瓦、115 万千瓦和 130 万千瓦汽轮发电机组。第二次世界大战期间开发的核技术还为电力提供了新能源。1945 年，苏联研制成功第一台 5 000 千瓦核电机组。1973 年，法国试制成功 120 万千瓦核反应堆。1954 年，瑞典首先建立了 380 千伏输电线路，该线路采用 2 分裂导线，距离 960 千米，将北极圈内的哈斯普朗特(Harspranget)水电站电力送至瑞典南部。1964 年，美国开始研制 500 千伏交流输电线路。1965 年，加拿大建成 765 千伏交流输电线路。1965 年，苏联建成±400 千伏的 470 千米高压直流架空输电线路，送电 75 千瓦。1970 年，美国建成±400 千伏的 1330 千米高压直流输电线路，送电 144 万千瓦。

电气设备在走进千家万户的同时，也走进了交通和企业。从 19 世纪 80 年代开始，电力驱动逐渐进入交通运输部门。1879 年，西门子和哈尔斯克在柏林工业博览会上展出了第一条小型电车轨道。伦敦、巴黎、柏林先后在 1899 年、1900 年、1902 年建成了第一条电气化地下铁道。1912 年，瑞士第一批电力牵引火车开始行驶。除城市电车外，1887 年、1908 年分别首次出现了电动矿用机车和电动运输车。1894 年，美国的一家棉花加工厂首先实现了电气化，其供电系统全部用交流电。20 世纪初，所有新建工厂都使用电动机作为动力。

照明技术和动力技术的发展和普及对强大的电源提出了新的需求,正是电能的广泛应用了促进了发电、输变电和电源技术的高速发展。

回顾电力技术发展史,从1875年建成第一座发电厂至今只有100多年的历史 从1832年第一台发电机问世至今也仅有一个半个多世纪。在此期间,电力技术和电力生产取得了众多的历史性重要成就:发电机组容量和电厂规模从小到大,技术参数和自动化水平不断提高,发电能源由单一进而多样化,输电电压等级不断提高,输电距离不断延长,电网规模日益扩大。

今后,随着现代科学技术的飞速发展,无论是发电技术、输电技术、配电技术,还是电能的利用技术,都将会在继承中得到发展,在应用中日趋完善。

4.2 现有的发电类型

一、火力发电

1. 火力发电的类型与流程

火力发电一般是指利用石油、煤炭和天然气等燃料燃烧时产生的热能来加热水,使水变成高温、高压水蒸气,然后由水蒸气推动发电机来发电的方式的总称。

火力发电厂由三大主要设备——锅炉、汽轮机、发电机及相应辅助设备组成,它们通过管道或线路相连构成生产主系统,即燃烧系统、汽水系统和电气系统。

按其作用划分,火力发电有纯供电的和既发电又供热的(热电联产的热电厂)两类。

按原动机分,火力发电主要分为汽轮机发电、燃气轮机发电、柴油机发电(其他内燃机发电容量很小)。

按所用燃料分,火力发电主要分为燃煤发电、燃油发电、燃气(天然气)发电、垃圾发电、沼气发电和利用工业锅炉余热发电等。为了提高经济效益、降低发电成本、保护大城市和工业区的环境,火力发电应尽量在靠近燃料基地的地方进行,利用高压输电线路或超高压输电线路把强大电能输往负荷中心。热电联产方式则应在大城市和工业区实施。

火力发电的流程因所用原动机不同而异。汽轮机发电的基本流程是先将经过粉碎的煤送进锅炉,同时送入空气,锅炉注入经过化学处理的水,利用燃料燃烧放出的热能使水变成高温、高压水蒸气，驱动汽轮机旋转做功而带动发电机发电。

2. 火力发电系统的构成

根据火力发电的生产流程可知，火力发电系统的基本组成包括燃烧系统、汽水系统（燃气轮机发电和柴油机发电无此系统，但这二者在火力发电中所占比重都不大）、电气系统和控制系统。

二、水力发电

水力发电就是利用水力（具有水头）推动水力机械（水轮机）转动，将水能转变为机械能，如果在水轮机上接上另一种机械（发电机），该机械随着水轮机转动便可发出电来，这时机械能又转变为电能。水力发电原理图如图 4-2 所示。水力发电在某种意义上讲是水的势能变成机械能，机械能又变成电能的转换过程。水力发电具有其独特的优越性，即清洁、绿色和可再生性。水电不会明显地污染空气，也不会产生温室气体。对水电的使用寿命进行分析可知，水能与多数其他能源类型相比较为有利。水能的可再生性依赖水文的周期性变化。

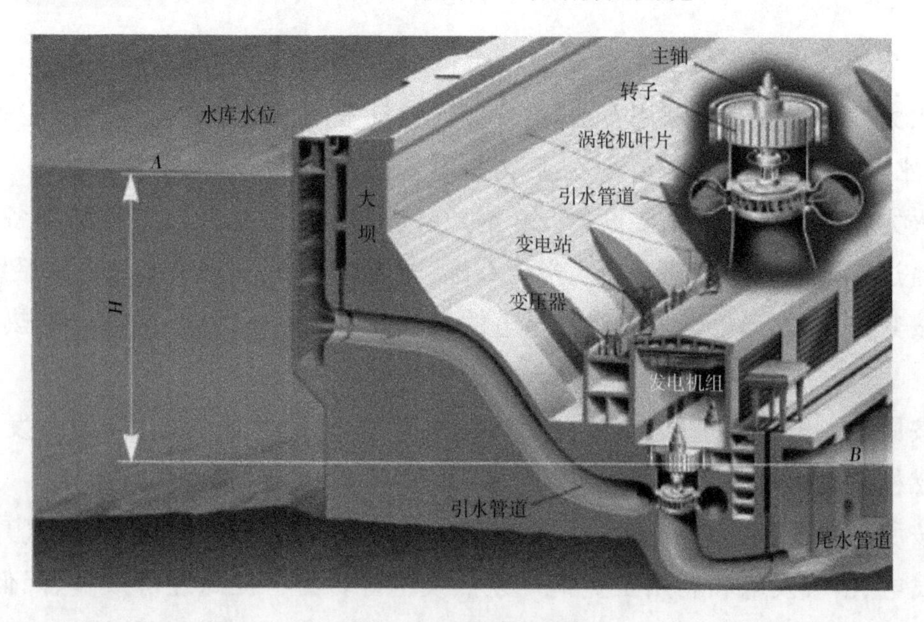

图 4-2 水力发电原理图

水能因清洁、绿色和可再生性而具有环境和市场效益。另外，水力发电又由于其固有的技术特点，具有下列优越性。

(1) 快速响应：机组可在数秒内启动和关闭，具有荷载曲线陡峭的特性。这种特性使水力发电更有利于电网的特殊运行。

(2) 可靠性:与风能和太阳能不同,虽然供水有限,水能是可预测的而且可靠。

(3) 稳定的成本:虽然水力发电的投资高,但其运行费用很低,且不受燃料价格变动的影响。

水力发电有以下四种方式。

(1) 流入式水力发电。

(2) 调整池式水力发电。

(3) 水库式水力发电。

(4) 扬水式水力发电。

三峡工程(即三峡水电站)自 1994 年正式开工以来,创造了一百多项世界之最,打破了世界水利工程的纪录,其中最重要的世界之最就有七项。目前,三峡水电站供电区域为湖北、河南、湖南、江西、江苏、浙江、安徽、广东、上海八省一市,三峡电力外送形成中、东、南三大送电通道。三峡工程对中国能源安全的另一个重大作用,就是极大地提高了全国电力供应的可靠性和稳定性。在以三峡水电站为中心的一千公里半径内,全国除辽宁、吉林、黑龙江、西藏、海南等外,多数省市区都在这个范围内。

三峡水电站水力发电原理图如图 4-3 所示。

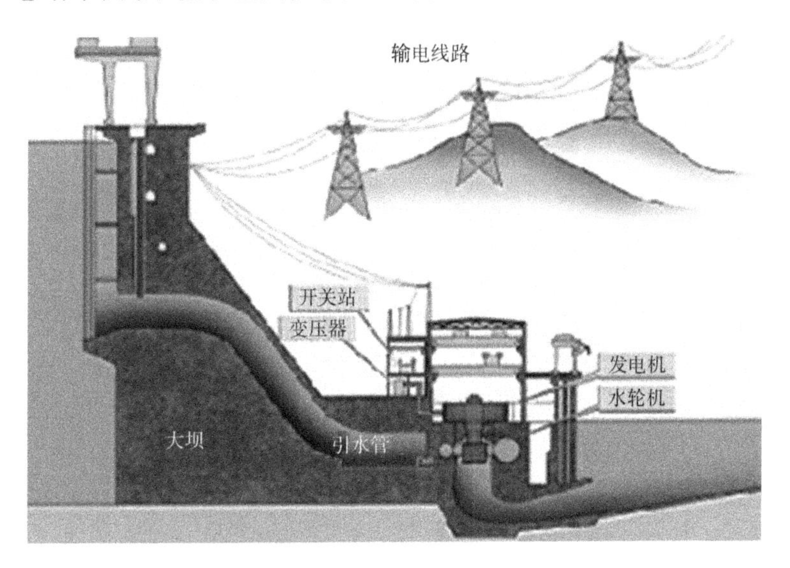

图 4-3　三峡水电站水力发电原理图

三、核能发电

核能是指原子核裂变反应或聚变反应所释放出的能量。通常所说的核能是指在核反应堆中由受控链式核裂变反应产生的能量。核能发电(简称核电)是和平利用核能的最重要方式。核电站也称为原子电站,是用铀、钚做燃料来发电的。

核能发电具有能量高度集中、铀资源丰富、有利于环境保护及核电厂建设投资大和周期长四个特点。

核电站按所采用的核反应堆类型一般分为压水堆、沸水堆、重水堆、石墨水冷堆、石墨气冷堆、高温气冷堆和快中子增殖堆七种。

压水堆核电站简化工艺流路如图 4-4 所示,大亚湾核电站全景如图 4-5 所示。

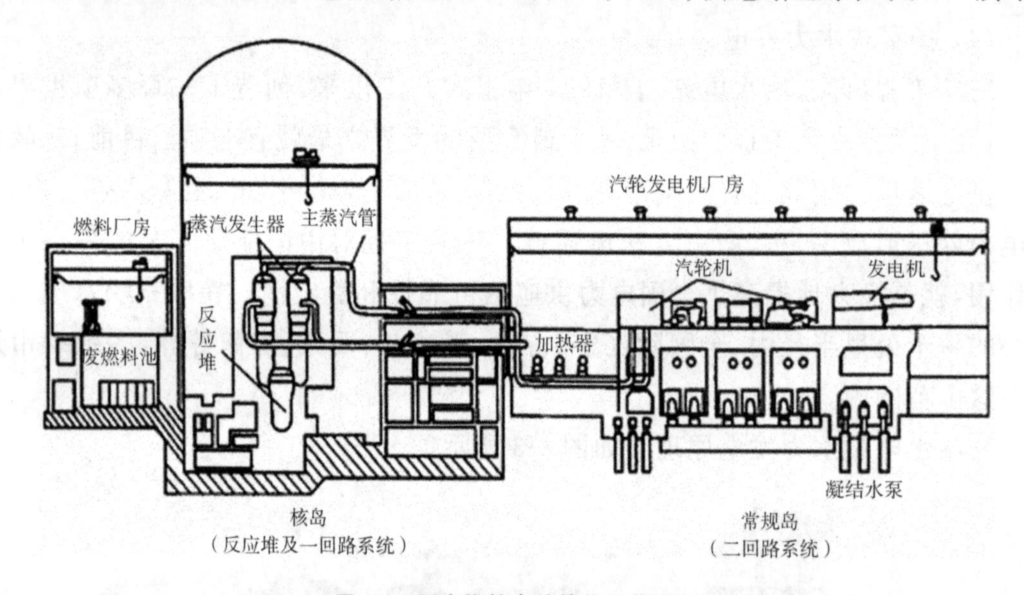

图 4-4 压水堆核电站简化工艺流程

图 4-5 大亚湾核电站全景

4.3 新型发电方式

地球赋予人类的资源是很丰富的。除石油、煤炭等常规化石能源以外，很多新能源至今都并没有得到很好的利用。从技术和市场潜力等方面分析，太阳能、地热能、风能、氢能和燃料电池等将是非常有前途和实用价值的可再生能源和新能源，因而是重点发展领域。

一、太阳能发电

太阳能是指在太阳内部连续不断的核聚变反应过程中所产生的能量。太阳能是一个巨大的能源。据估算，太阳每秒钟向太空散射的能量约 3.8×10^{20} 兆瓦，其中有二十二亿分之一向地球投射，而投射到地球上的太阳辐射被大气层反射、吸收之后，只有大约 70% 投射到地面，能量高达 1.05×10^{18} 千瓦·时，相当于 1.3×10^{6} 亿吨标准煤，其中我国陆地面积每年接收到的太阳能相当于 2.4×10^{4} 亿吨标准煤。

由于地球以椭圆形轨道绕太阳运行，因此，太阳与地球之间的距离并不是一个常数，而且一年里每天的日地距离也不相同。某一点的辐射强度与其与辐射源的距离的平方成反比，这意味着地球大气上方的太阳辐射强度会随日地距离的不同而异。由于地球距离太阳很远(平均距离约为 1.5×10^{8} 千米)，所以地球大气层外的太阳辐射强度可以认为为一常数。

大气中空气分子、水蒸气和尘埃等对太阳辐射的吸收、反射和散射，不仅使太阳辐射强度减弱，还会改变辐射的方向和光谱分布。因此，实际到达地面的太阳总辐射通常由直达日射和漫射日射两个部分组成。漫射日射的变化范围很大，事实上，到达地球表面的太阳辐射主要受大气层厚度的影响。大气层越厚，对太阳辐射的吸收、反射和散射就越严重，到达地面的太阳辐射就越少。此外，大气的状况和大气的质量对到达地面的太阳辐射也会有影响。另一方面，太阳辐射穿过大气层的路径长短与太阳辐射的方向有关，因此，地球上不同地区、不同季节和不同气象条件下到达地面的太阳辐射强度都是不同的。

太阳能发电系统组成原理图如图 4-6 所示。

太阳能发电具有以下优点。① 太阳能是一个巨大的能源。照射到地球上的

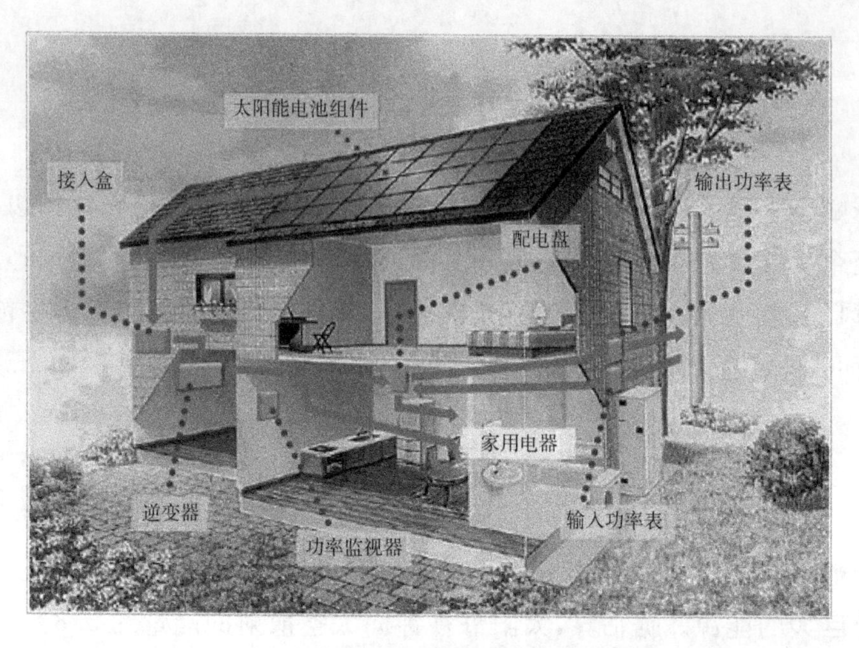

图 4-6 太阳能发电系统组成原理图

太阳能要比人类消耗的能量大 6 000 倍。例如，只要在美国阳光丰富的西南部沙漠地区建立一个面积为 160.9 千米×160.9 千米的巨型太阳能光伏发电站，它所发的电力可以满足美国的全部用电需要。② 太阳能发电安全可靠，不会遭受能源危机或燃料市场不稳定的冲击。③ 太阳能随处可得，可就近供电，不必长距离输送，节省了输电线路等。④ 太阳能发电不用燃料，运行成本很低。⑤ 太阳能发电没有运动部件，维护简单，不易损坏，特别适合在无人值守情况下使用。⑥ 太阳能发电不产生任何废弃物，没有污染、噪声等公害，太阳能是一种对环境无污染的理想清洁能源。⑦ 太阳能发电系统建设周期短，由于是模块化安装，使用规模小到用做几毫瓦的太阳能计算器，大到用于数十兆瓦的光伏发电站，方便灵活，而且可以根据负荷的增减，任意添加或减少太阳电池容量，避免浪费。⑧ 结构简单，体积小，质量轻。能独立供电的太阳能电池组件和方阵的结构都比较简单。⑨ 易安装，易运输，建设周期短。只要用简单的支架把太阳能电池组件支承起来，使之面向太阳，即可以发电，特别适于做小功率移动电源。图 4-7 所示为太阳能发电塔示意图。

太阳能发电具有以下缺点。① 在地面上应用时有间歇性，发电量与气候条件有关，在晚上或阴雨天不能发电或很少发电，与负荷用电需要常常不符合，所以通常要配备储能装置，并且要根据不同使用地点进行专门的优化设计。② 能量密度较低，在标准测试条件下，地面上接收到的太阳辐射强度为 1 千瓦/平方米，大规模使用时,需要占用较大面积。③ 目前价格仍较贵,为常规发电的2～10倍,初始投资较高,影响了其大量推广应用。

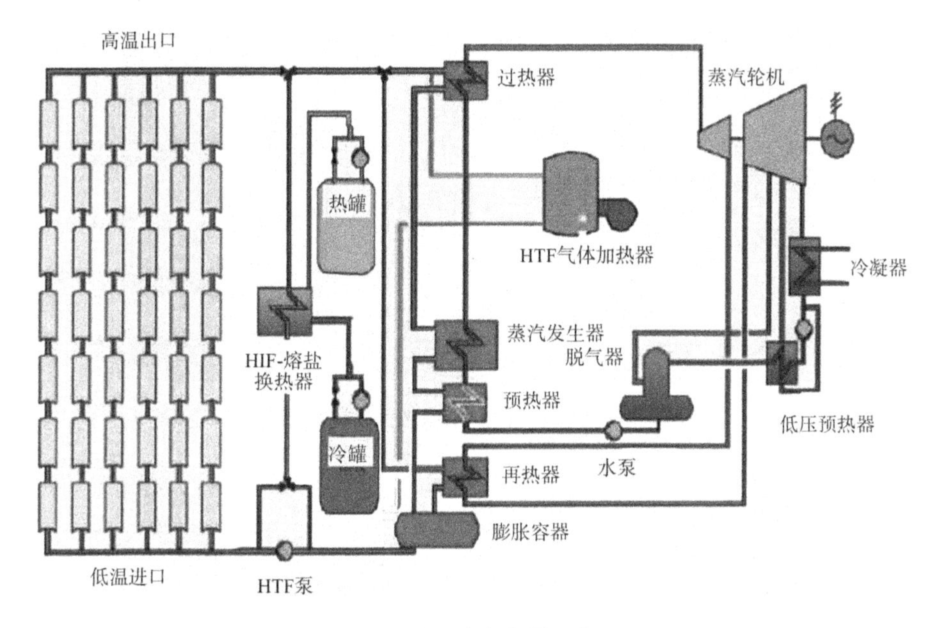

图 4-7 太阳能发电塔示意图

太阳能的转换共有三种方式,即光热转换、光电转换和光化学转换。

太阳能热利用是指太阳辐射能量通过各种集热部件转变成热能后被直接利用,它可分低温(100～300 ℃)和高温(300 ℃以上)两种,分别适用于工业用热、制冷、空调、烹调和热发电、材料高温处理等。太阳能节能建筑分主动式和被动式两种:前者与常规能源采暖系统基本相同,仅以太阳能集热器作为热源代替传统锅炉;后者则利用建筑本身的结构吸收和储存太阳能,达到取暖的目的。

太阳能发电主要有两种形式:一种是通过光电器材,将太阳能直接转换成电能,称为太阳能电池发电;另一种是将太阳能变为热能,用常规火力发电厂的方式发电,称为太阳能热力发电。

1兆瓦并网太阳能光伏发电站全景如图4-8所示,日本超巨大船形太阳能发电机外观如图4-9所示。

太阳能电池类型很多,如单晶硅太阳能电池、多晶硅太阳能电池、非晶硅太阳能电池、硫化镉太阳能电池和砷化镓太阳能电池等。美国、德国和日本都将太阳能光电技术列为重要技术,在制造和发电成本方面已在特殊应用场合具有一定的竞争能力。

光化学是研究光和物质相互作用引起的化学反应的一个化学分支。光化学电池是利用光照射半导体和电解液界面,发生化学反应,在电解液内形成电流,并

图 4-8　1 兆瓦并网太阳能光伏发电站全景

图 4-9　日本超巨大船形太阳能发电机外观

使水电离直接产生氢的电池。

二、潮汐能发电

长期以来,人类一直认为广阔的海洋是地球的资源宝库,将其称为能量之海。海洋面积约占地球面积的 71%,海洋中蕴藏着丰富的功能资源,其中海洋热能是指由于海洋表层水体和深层水体温差引起的热能。除了用于发电之外,海洋热能还可以用于海水脱盐、空调和深海矿藏开发。海洋波浪能指蕴藏在海面波浪中的动能和势能。海洋波浪能主要用于发电，也可用于输送和抽运水、供暖、海水脱盐和制造氢气。

从经济和技术上的可行性、地球环境的生态平衡及可持续发展等方面综合分析，潮汐能发电将会作为成熟的技术得到大规模的利用。充分利用海洋潮汐发电，已成为人类理想的新型发电方式之一。

所谓潮汐能，简而言之，就是潮汐所蕴含的能量。这种能量是十分巨大的，潮汐涨落的动能和势能可以说是一种取之不尽、用之不竭的动力资源，人们誉称海洋为“蓝色的煤海”。潮汐能的大小直接与潮差有关，潮差越大，潮汐能就越大。由于深海大洋中的潮差一般极小，因此，潮汐能的利用主要集中在潮差较大的浅海、海湾和河口地区。据能源专家预测，世界海洋潮汐能蕴藏量约为 27 亿千瓦，若全部转换成电能，每年发电量大约为 1.2 万亿度(1 度＝1 千瓦 · 时)。在太阳、月球引力的作用下，潮汐能的大小与潮高的平方成正比。

潮汐能发电，就是利用海水涨落及其所造成的水位差来推动涡轮机，再由涡轮机带动发电机来发电，其发电的原理与一般的水力发电差别不大，只是一般的水力发电水流的方向是单向的，而潮汐能发电则有所不同。潮汐能发电示意图如图 4-10 所示。

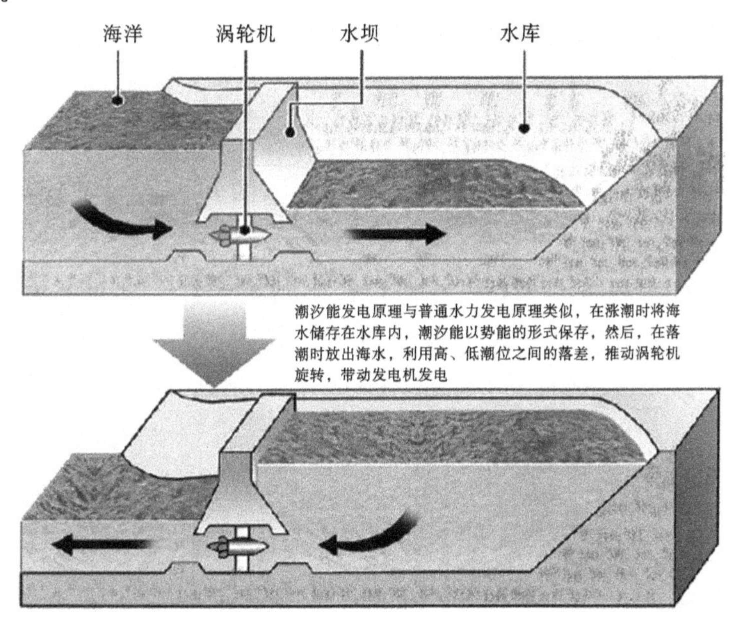

图 4-10　潮汐能发电示意图

潮汐能发电按利用能量形式的不同可以分为两种：一种是利用潮汐的动能发电，即利用具有一定流速的涨落潮水直接冲击涡轮机发电；另一种则是利用潮汐的势能来发电，也就是在海湾或河口修筑拦潮大坝，利用坝内外涨、落潮时的水位差来发电。由于潮汐周期性地发生变化，所以其电力供应具有间歇性。

三、风力发电

风主要是由于太阳照射到地球上，各处地形与纬度的差异使得日照不均匀，使得受热不同产生温差所引起的冷热空气对流（热轻上升、冷重下降）而形成的。风车是人们最早用来转换能量的装置之一。风力发电首先将风能转换为机械能，再将机械能转换为电能，最终将电能输送至用户。风力发电技术是一项多学科的、可持续发展的、绿色环保的综合技术。目前风力发电的发展方向是：风力发电机组质量更轻、结构更具柔性，直接驱动发电机（无齿轮箱）和变转速运行，风能利用率越来越高，单机容量越来越大。

风能主要具有以下特性：① 风能是可再生能源；② 风能是清洁能源；③ 风能具有统计性规律。

在现今世界的可再生能源开发中，风力发电是除水能资源开发外技术最成熟、最具有大规模开发和商业利用价值的发电方式。随着风力发电技术的不断发展，风力发电机组制造成本和项目开发成本会不断降低，因此，风力发电的开发利用前景十分乐观。除了不消耗燃料，不污染环境，所需的原料取之不尽、用之不竭外，风力发电还具有以下几方面固有的独特优势：① 占地极小；② 工程建设周期短；③ 装机规模灵活、方便；④ 运行简单；⑤ 风力发电技术日趋成熟，产品质量可靠，风能已是一种安全、可靠的能源；⑥ 风力发电的经济性日益提高，发电成本已接近煤电。

世界风力发电发展概况是：① 装机容量不断扩大；② 风力发电机组制造水平不断提高；③ 近海风力发电逐步商业化。

5 兆瓦风力发电机如图 4-11 所示。

四、地热发电

地球的内部是一个高温、高压的世界，因而是一个蕴藏着巨大热能的热库。地球表层以下的温度随深度的增加而逐渐增高，大部分地区每深入 100 m，温度大约增加 3 ℃，以后其增长速度又逐渐减慢，到一定深度就不再升高了。地核的温度在 5 000 ℃以上。地热能就是从地球内部释放到地表的能量。

形成地热资源有四个要素，即热储层、热储体盖层、热流体通道和热源。通常

图 4-11　5 兆瓦风力发电机

按在地下热储中存在的形式不同，将地热资源分为蒸汽型、热水型、地压型、干热岩型和岩浆型五类。

地热能的利用方式可分为两大类，即直接利用和地热发电。

(1) 直接利用。从热力学的角度来看，将中、低温地热能直接用于中、低温的用热过程，是再合理不过的了。

(2) 地热发电。地热发电是以地下热水和蒸汽为动力源的一种新型发电技术，它涉及地质学、地球物理、地球化学、钻探技术、材料科学和发电工程等多种现代科学技术。

地热加热系统示意图如图 4-12 所示，地热发电示意图如图 4-13 所示。

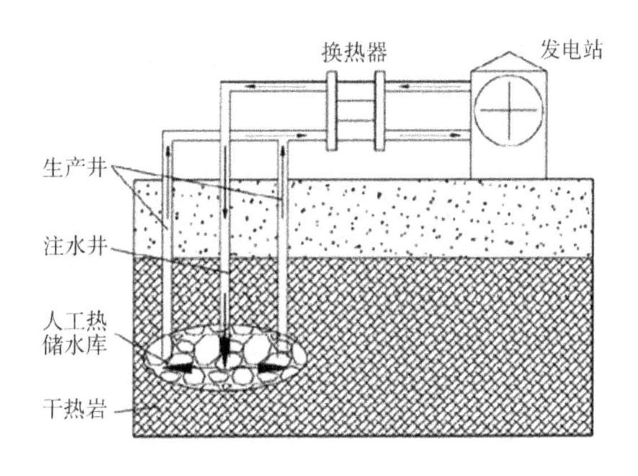

图 4-12　地热加热系统示意图

图 4-13　地热发电示意图

五、燃料电池发电

我们知道，一般的干电池或蓄电池是没有反应物质输入和生成物排出的，所以其寿命是有限的，但是可以连续地燃料电池提供反应物(燃料)，并且燃料电池不断排出生成物(水)，因而燃料电池可以连续地输出电力。

与传统的火力发电不同，燃料电池在发电时，其燃料无须经过燃烧，没有将燃料化学能转化为热能、再将热能转化为机械能、最终将机械能转化为电能的复杂过程，而是直接将燃料(天然气、煤制气、石油等)中的氢气借助电解质与空气中的氧气发生化学反应，在生成水的同时发电，因此，燃料电池发电实质上是化学能发电。燃料电池发电被称为是继火力发电、水力发电、原子能发电之后的第四大发电方式。燃料电池发电原理图如图 4-14 所示。

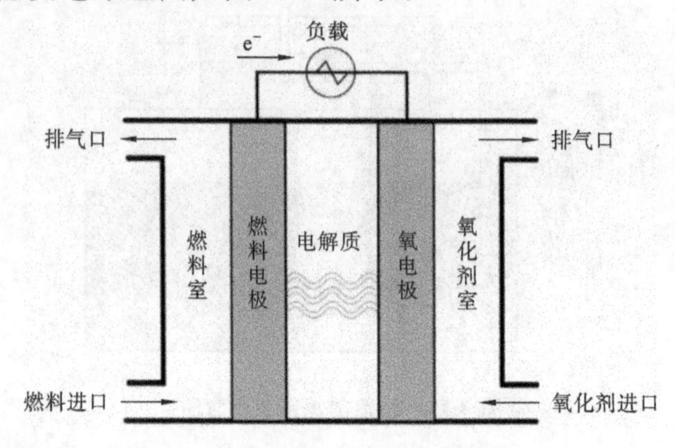

图 4-14　燃料电池发电原理图

燃料电池的工作方式与常规的化学电源不同，它的燃料和氧化剂由电池外的辅助系统提供，在运行过程中，为保持燃料电池连续工作，除需匀速地供应氢气和氧气外，还需连续、匀速地从空气极排出化学反应生成的水以维持电解液浓度的恒定，排除化学反应的废热以维持燃料电池工作温度的恒定。

燃料电池发电系统主要包括燃料重整系统、空气供应系统、直流-交流逆变系统、余热回收系统和控制系统等，在高温燃料电池中还有剩余气体循环系统。

燃料电池的优点主要有：① 污染极少、噪声小；② 能量转换效率高，其本体的效率在40%以上，如果将排出的燃料重复利用，再利用其排热，对于中、高温燃料电池，综合效率可达80%；③ 适应负荷的能力强；④ 占地小，建设快，构造简单，便于维护保养；⑤ 燃料广泛，补充方便：⑥ 不需要大量的冷却水，适合于内陆和城市地下应用；⑦ 由于燃料电池由基本电池组成，可以用积木式的方法组成各种不同规格、功率的电池，并可按需要装配成发电系统安装在海岛、边疆和沙漠等地区。

目前已经开发出多种类型的燃料电池。按燃料电池最常见的分类方法，即按燃料电池所采用的电解质进行分类，燃料电池可分为碱性燃料电池（AFC）、磷酸燃料电池（PAFC）、熔融碳酸盐燃料电池（MCFC）、固体氧化物燃料电池（SOFC）、质子交换膜燃料电池（PEMFC）和直接甲醇燃料电池（DMFC）等。其中PAFC、MCFC、SOFC和PEMFC的特性如表4-3所示。

表4-3　PAFC、MCFC、SOFC和PEMFC的特性

类　型	PAFC	MCFC	SOFC	PEMFC
主要燃料	H_2	H_2、CO	H_2、CO	H_2
电解质	磷酸	碳酸钾、碳酸锂	二氧化锆	质子交换膜
工作温度	200 ℃	650 ℃	1 000 ℃	85 ℃
理论效率	80%	78%	73%	83%
应用领域	现场集成能量系统	电站区域性供电	电站联合循环发电	电动车、潜艇电源

六、生物质能发电

所谓生物质，就是在有机物中除矿物燃料外的所有来源于植物、动物和微生物的可再生的物质，即由光合作用（示意图见图4-15）而产生的各种有机体的总称。光合作用的简单过程如下：

$$二氧化碳+水\xrightarrow[叶绿体]{光能}\frac{有机物}{(储存能量)}+氧气$$

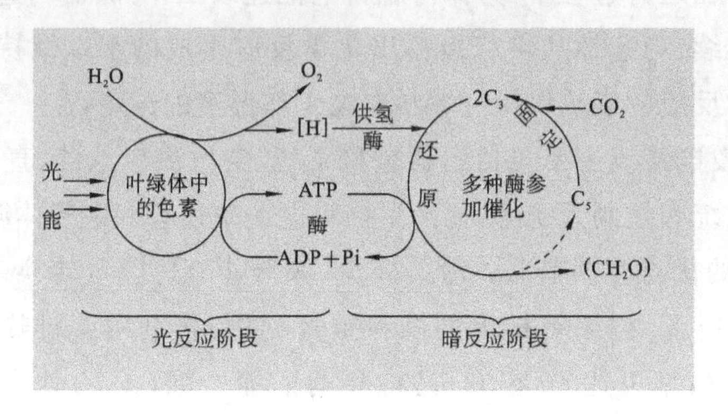

图 4-15　光合作用示意图

生物质通常包括木材和森林工业废弃物、农业废弃物、水生植物、油料植物、城市与工业有机废弃物、动物粪便等。在各种可再生能源中，生物质能是独特的，它是储存的太阳能，更是唯一可再生的碳源，生物质可转化成常规的固态、气态和液态燃料。据估计，地球上每年植物经过光合作用所固定的碳达 2×10^{11} 吨，含能量达 3×10^{11} 焦耳，因此每年通过光合作用储存在植物枝、茎、叶中的太阳能，相当于全世界每年耗能量的 10 倍。生物质能遍布世界各地，其蕴藏量极大，就能源当量而言，生物质能是仅次于煤、石油和天然气而位居第四的能源，在整个能源系统中占有重要地位。

生物质种类繁多，大致可做如下分类。① 木质素类：木屑、木块、树枝、树叶、树根和芦苇等。② 农业废弃物：各种秸秆、果壳、果核、玉米芯和蔗渣等。③ 水生植物：藻类和水葫芦等。④ 油料作物：棉籽和油菜加工废料等。⑤ 食品加工废弃物：屠宰场、酒厂、豆制品厂在加工过程产生的废物与废水。⑥ 粪便及活动废物：人畜粪便、畜禽场冲洗废水和人类活动过程中产生的各种垃圾等。

目前生物质能利用技术主要有以下几种。① 热化学转化技术：将固体生物质转换成可燃气体、焦油、木炭等品位高的能源产品。② 生物化学转换技术：主要指生物质在微生物的发酵作用下生成沼气、酒精等能源产品。③ 生物质压块细密成型技术：把粉碎烘干的生物质加入成型挤压机，在一定的温度和压力下，形成较高密度的固体燃料。

常用的几种生物质能发电技术有甲醇发电、城市垃圾发电、生物质燃气发电和秸秆发电。

生物质能发电在可再生能源发电中具有电能质量好、可靠性高的优点，比小水电、风电和太阳能发电等间歇性发电要好得多，可以作为小水电、风电、太阳能发电的补充能源，具有很高的经济价值。

生物质现代化燃烧系统如图 4-16 所示，生物质发电站如图 4-17 所示。

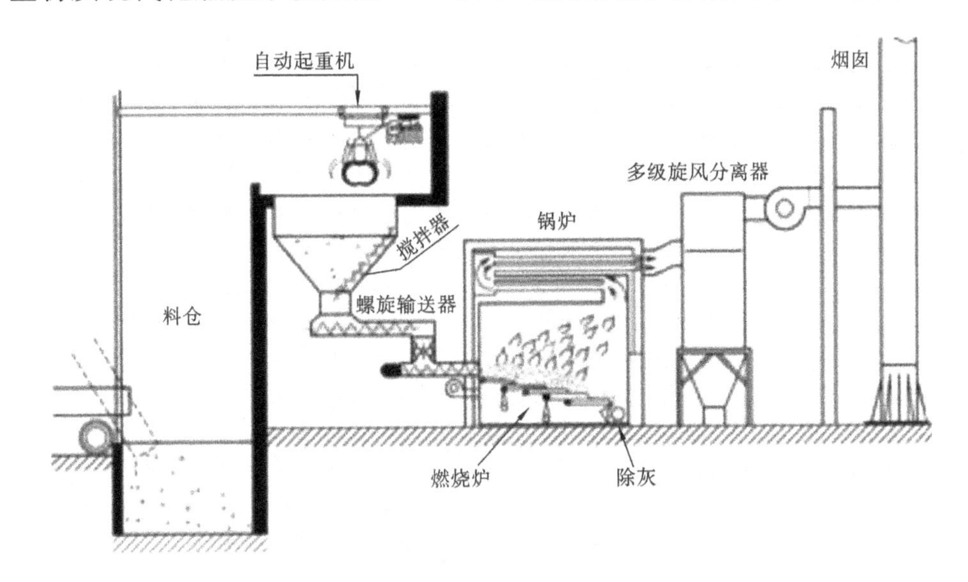

图 4-16　生物质现代化燃烧系统

图 4-17　生物质发电站

七、核聚变——人类未来的能源之星

原子核中蕴藏着巨大的能量，原子核的变化（从一种原子核变为另外一种原子核）往往伴随着能量的释放。由重的原子核变为轻的原子核，称为核裂变。人们熟悉的原子弹和核电站发电利用的都是核裂变原理。核聚变的过程与核裂变相反，核聚变是指由质量轻的原子，在一定条件下（如超高温和高压），发生原子核互相聚合作用，生成新的质量更重的原子核，并伴随着巨大的能量释放的一种核反应形式，也就是说，核聚变是几个原子核聚合成一个原子核的过程，只有较轻的原子核才能发生核聚变，如氢的同位素氘、氚等。太阳内部连续进行着氢聚变成氦的过程，它的光和热就是由核聚变产生的。比原子弹威力更大的核武器——氢弹也是利用核聚变来发挥作用的。核聚变反应原理图如图 4-18 所示。

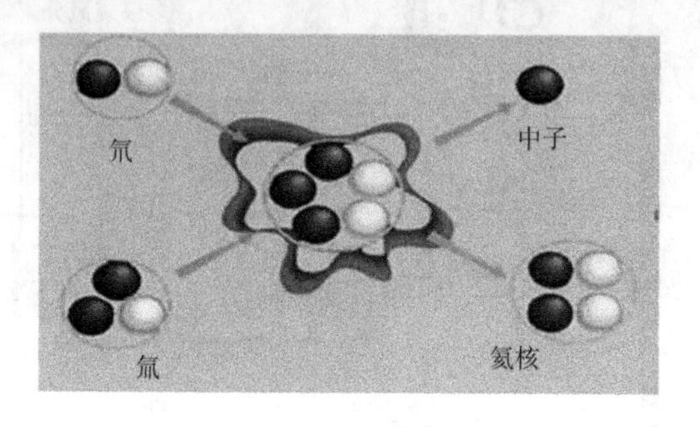

图 4-18　核聚变反应原理图

核聚变能释放出巨大的能量，但目前人们只能在氢弹爆炸的一瞬间实现不受控制的人工核聚变，而要使人工核聚变产生的巨大能量为人类服务，就必须使核聚变在人们的控制下进行，这就是受控核聚变，即必须能够合理地控制核聚变的速度和规模，实现持续、平稳的能量输出。

与核裂变相比，核聚变有两个重大优点。一是地球上蕴藏的核聚变能远比核裂变能丰富得多，约为可进行核裂变元素所能释出的全部核裂变能的 1 000 万倍。二是核聚变既干净又安全：因为它不会产生污染环境的放射性物质，所以它是干净的；受控核聚变反应可在稀薄的气体中持续地稳定进行，所以它又是安全的。

几十年来，科学家们通过不懈的努力，已在核聚变方面为人类摆脱能源危机做出了较大的贡献。

4.4　发电、供电和用电的基本设备

一、发电机

1831 年 8 月 29 日，科学家法拉第成功地使机械力转变为电力。在迈出了这最艰难的一步之后，法拉第不断研究，历经两个月试制成功第一台能产生稳恒电流的发电机，标志着人类从蒸汽时代跨入了电气时代。

一百多年来，相继出现了很多现代的发电形式，有风力发电、水力发电、火力发电、原子能发电、热发电和潮汐能发电等，发电机的类型日益丰富，构造日臻完善，效率也越来越高，但基本原理仍基本上与法拉第的实验一样：少不了运动着的闭合导体，也少不了磁铁。

发电机是将其他形式的能源转换成电能的机械设备，它由水轮机、汽轮机、柴油机或其他动力机械驱动，将水流、气流、燃料燃烧或原子核裂变产生的能量转化为机械能并传给发电机，再由发电机转换为电能。

发电机的形式很多，但工作原理都是基于电磁感应定律和电磁力定律。因此，发电机构造的一般性原则是用适当的导磁和导电材料构成互相进行电磁感应的磁路和电路，以产生电磁功率，达到能量转换的目的。发电机通常由定子、转子、端盖和轴承等构成。定子由定子铁芯、定子绕组、机座及固定这些部分的其他结构件组成。转子由转子铁芯（或磁极、磁轭）、转子绕组、护环、中心环、滑环、风扇和转轴等部件组成。由轴承及端盖将发电机的定子、转子连接并组装起来，使转子能在定子中旋转，做切割磁力线的运动，从而产生感应电势，通过接线端子引出，接在回路中，便产生了电流。

发电机可以分为直流发电机和交流发电机。其中交流发电机又可分为同步发电机和异步发电机，还可分为单相发电机与三相发电机。直流发电机的工作模型如图 4-19 所示，图中的电刷 A 和 B 间外接的是直流负载，发电机由一原动机拖动，逆时针旋转。在图示瞬间，元件边 ab 的感应电势方向为从 b 端到 a 端，元件边 cd 的感应电势方向为从 d 端到 c 端，元件中的电流 i_a 的方向为 B 刷$\rightarrow d\rightarrow c\rightarrow b\rightarrow a\rightarrow$A 刷，元件边 ab、cd 产生电磁力 $\boldsymbol{f}$，作用在电枢圆周切线方向的电磁力 $\boldsymbol{f}$ 将产生电磁转矩 $\boldsymbol{T}_{em}$，方向为顺时针，与发电机旋转方向相反。转过 180°的位置后，元件内的电流 i_a 的方向为 B 刷$\rightarrow a\rightarrow b\rightarrow c\rightarrow d\rightarrow$A 刷，外电路中的电流 I 的方向仍不变，产生的电磁转矩 $\boldsymbol{T}_{em}$的方向仍为顺时针。

发电机发明史上的重大事件如下。

1832 年，法国毕克西发明世界上第一台旋转式交流发电机，该交流发电机为永磁手摇式，可进行火花放电实验。

1833 年，毕克西在 1832 年发明的旋转式交流发电机上安装整流子，发明了直流发电机。

1840 年，英国阿姆斯特朗发明水轮发电机。

1845 年，英国惠斯通发明采用电磁铁的发电机。

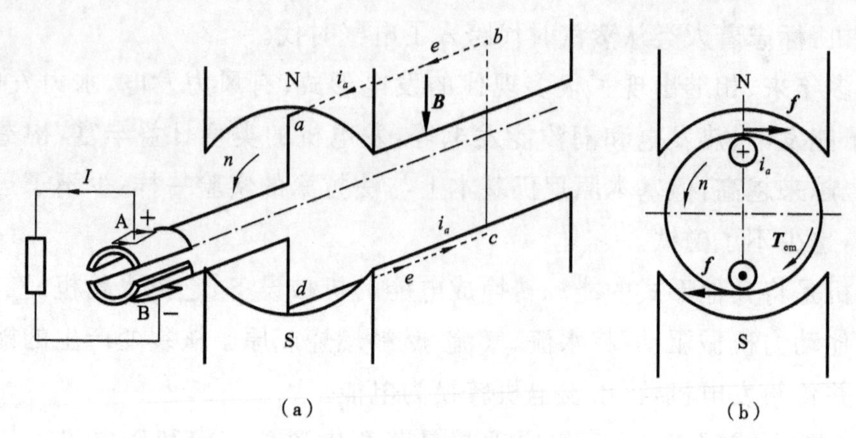

图 4-19　直流发电机的工作模型

1856 年，英国霍姆斯用多极永久磁铁制成世界上第一台商用发电机，这台发电机用蒸汽机驱动，转速为每分钟 600 转，功率不到 1.5 千瓦。

1866 年，德国西门子发明自激式励磁直流发电机，用电磁铁代替永久磁铁。

1870 年，比利时格拉姆发明实用自激式直流发电机，该直流发电机功率大、电压高、经济性能好，很快广泛投入市场，被称为格拉姆发电机。

1880 年，爱迪生制成当时世界上最大的直流发电机，该直流发电机重 27 吨，功率为 150 马力(约 110 千瓦)，电压为 110 伏。

1885 年，爱迪生发明双极高速直流发电机，转速为每分钟 3 000 转。

发电机的类型主要有直流发电机、柴油发电机、同步发电机、汽轮发电机和水冷式发电机等。其中同步发电机又可分为转场式同步发电机和转枢式同步发电机。转场式同步发电机的结构模型如图 4-20 所示。

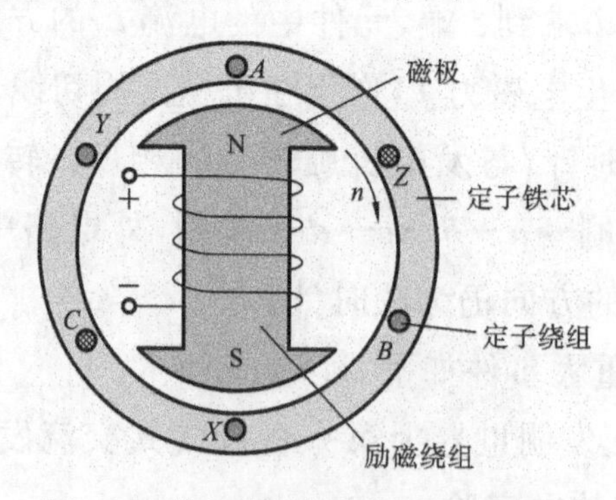

图 4-20　转场式同步发电机的结构模型

二、变压器

变压器是一种把电压和电流转变成另一种(或几种)同频率的不同电压和电

流的电气设备。发电机发出的电功率，需要升高电压才能送至远方用户，而用户则需把高电压再降成低压才能使用，这个任务是由变压器来完成的。

变压器的最基本形式，包括两组绕有导线的线圈，并且彼此以电感方式耦合在一起。当一交流电流(具有某一已知频率)流入其中一组线圈时，另一组线圈中将感应出具有相同频率的交流电压，而感应电压的大小取决于两线圈耦合和磁交链的程度。

一般将连接交流电源的线圈称为一次线圈；而跨于此线圈的电压称为一次电压。二次线圈的感应电压可能大于或小于一次电压，这是由一次线圈与二次线圈间的匝数比所决定的。因此，变压器有升压变压器和降压变压器两种。

电力变压器的结构如图 4-21 所示。

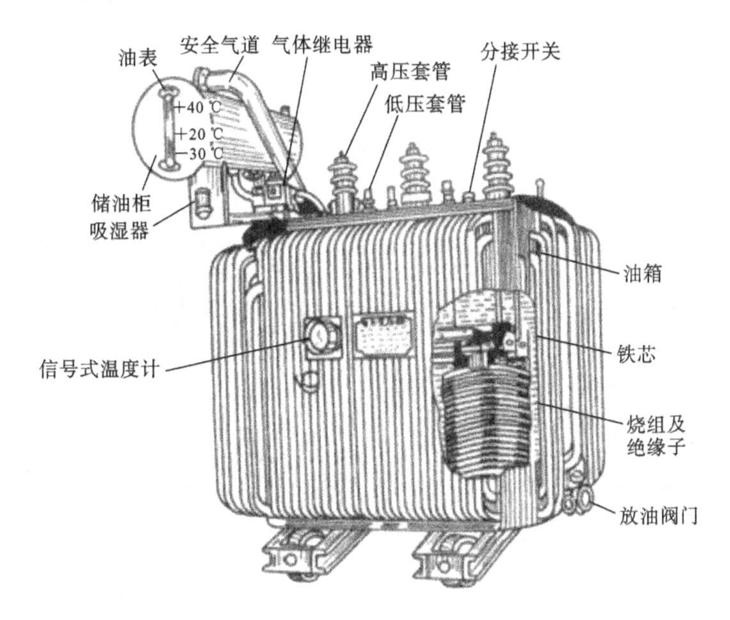

图 4-21　电力变压器的结构

从不同的角度对变压器分类如下。

(1) 按冷却方式分类：干式(自冷)变压器、油浸(自冷)变压器和氟化物(蒸发冷却)变压器。

(2) 按防潮方式分类：开放式变压器、灌封式变压器、密封式变压器。

(3) 按铁芯或线圈结构分类：芯式变压器(插片铁芯、C 形铁芯、铁氧体铁芯)、壳式变压器(插片铁芯、C 形铁芯、铁氧体铁芯)、环形变压器和金属箔变压器。

(4) 按电源相数分类：单相变压器、三相变压器和多相变压器。

(5) 按用途分类：电源变压器、调压变压器、音频变压器、中频变压器、高频变压器和脉冲变压器。

三维立体卷铁芯干式变压器如图 4-22 所示，12 伏电子变压器如图 4-23 所示。

图 4-22　三维立体卷铁芯干式变压器

图 4-23　12 伏电子变压器

变压器发明简史如下。

(1) 感应线圈：变压器的雏形。

(2) 戈拉尔-吉布斯二次发电机。

(3) 齐伯诺夫斯基-德里-布拉什(Z-D-B)变压器。

(4) 美国变压器技术的兴起和发展。

1885 年 9 月 1 日，西屋公司订购的戈拉尔-吉布斯二次发电机和由西门子公司生产的单相交流发电机从欧洲运到美国。

威斯汀豪斯除了以实业家的胆识招揽人才、购买专利、订购设备、发展交流电系统和变压器外，还身体力行，潜心于变压器的研究。在美国变压器发展的历史上，还有两个人也做出了不可磨灭的贡献，他们是斯坦利和特斯拉。

斯坦利被誉为"电气传输之父"。特斯拉是被誉为"电工天才"的美籍克罗地亚科学家，他在交流电系统和交流电动机方面所做出的贡献使他享誉世界。1888年，他受聘到西屋公司工作后，在变压器方面做出了成绩。1890年，他离开西屋公司自立门户，继续研究变压器。

(5) 三相变压器的诞生。戈拉尔-吉布斯二次发电机和Z-D-B变压器都是单相变压器，发明三相变压器的则是被誉为"三相交流电之父"的俄国科学家多布罗夫斯基。1888年，他提出三相电流可以产生旋转磁场的观点，并发明了三相同步发电机和三相鼠笼式电动机。

(6) 其他类型的变压器。19世纪后期至20世纪初期，还有许多人也进行了变压器的研究工作，制成了多种多样的变压器，英国科学家费兰特(Ferranti，1864—1930)于1885年取得有关闭合磁路变压器的专利权。1888年，研制成铁片弯成圆形组成铁芯的变压器。1891年，制成一台10千伏/2千伏的较大容量的变压器，其铁芯分成10段，每段铁芯均由弯成圆形的铁片组成，各段铁芯间的间隙用作通风冷却。1884年，英国电工学家J. 霍普金森(J. Hopkinson，1849—1898)和他的弟弟E. 霍普金森(E. Hopkinson，1859—1922)申请闭合磁路变压器的专利。1891年，莫迪(Mordey)为布拉什公司设计制成一台采用叠片铁芯的变压器。美国电工学家E. 汤姆逊(E. Thomson，1853—1937)早在1879年就在弗朗克林学院研究过变压器。1886年，他制成第一台电焊变压器，其副边线圈为单匝。不久，他又制成恒流变压器。迪克(Disk)和R. 肯尼迪(R. Kennedey)发明了一种采用H形铁芯的变压器结构。1889年，英国M. 斯温伯恩(M. Swinburne)发明刺猬式油浸变压器，这种变压器现在仍有应用。此外，在19世纪80、90年代还有很多人对变压器进行了研究。进入20世纪以后，随着电力工业的不断发展，人类在大型变压器、特种变压器等各方面都取得了巨大的进步。

三、电动机

电动机一种是把电能转换成机械能的设备，分布于各个用户处。电动机按使用电源不同分为直流电动机和交流电动机，电力系统中的电动机大部分是交流电动机，它可以是同步交流电动机，也可以是异步交流电动机(电动机定子磁场转速与转子旋转转速不保持同步)。

通常，电动机的做功部分做旋转运动，这种电动机称为转子电动机；也有做直线运动的，称为直线电动机。电动机能提供的功率范围很大(从毫瓦级到万千瓦级)。电动机的使用和控制非常方便，具有自启动、加速、制动和反转等能力，能满足各种运行要求。电动机的工作效率较高，且没有烟尘、气味，不污染环境，噪声也较小。它由于具有一系列优点，所以在工农业生产、交通运输、国防、商业及家用电器、医疗电器设备等各方面广泛应用。

一般电动机主要由两个部分组成：一是固定部分，称为定子；二是旋转部分，称为转子。另外，它还有端盖、风扇、罩壳、机座和接线盒等。

电动机的外观如图 4-24 所示。

图 4-24　电动机的外观

电动机的分类如下。

(1) 按功能来分类，电动机可分为驱动电动机和控制电动机。

(2) 按电能种类来分类，电动机分为交流电动机和直流电动机。

(3) 从电动机的转速与电网电源频率之间的关系来分类，电动机可分为同步电动机和异步电动机。

(4) 按电源相数来分类，电动机可分为单相电动机和三相电动机。

(5) 按防护形式来分类，电动机可分为开启式电动机、防护式电动机、封闭式电动机、隔爆式电动机、潜水式电动机和防水式电动机。

(6) 按安装结构形式来分类，电动机可分为卧式电动机、立式电动机、带底脚电动机和带凸缘电动机等。

(7) 按绝缘等级来分类，电动机可分为 E 级电动机、B 级电动机、F 级电动机和 H 级电动机等。

思考与练习

4.1　世界能源利用的变化情况与发展趋势有什么特征？

4.2　现有几种发电方式？各有什么特点？

4.3　现有新型发电方式各有什么特点？

4.4　发电、供电和用电有哪些基本设备？各有什么特点？

第5章

电力工业的发展与特点

DIANQIXINXI
ZHUANYEDAOLUN

5.1 电力工业发展概况

电能的开发和利用使人类社会生产、生活发生翻天覆地的变化:发电厂、输电网和配电网建立,发电机、电动机、电车和电动机车被大量生产并投入使用,独立的电力工业体系逐步形成、壮大。同时,电能的开发和利用也促进了机器制造业、交通运输业、生产加工业的迅速发展。21 世纪初,美国国家工程院与美国 30 余家职业工程协会,共同评出了 20 世纪对人类影响最大的工程技术成果。在评出的 20 项工程技术成果中,电力工程列在第一位。其原因是由电力工程所带来的电气化彻底改变了数千年来人类的生产、生活方式。

一、发电厂

1831 年,法拉第发现电磁感应原理,奠定了发电机的理论基础。

1866 年,西门子发明了自激式励磁直流发电机。

1870 年,格拉姆发明了实用自激式直流发电机。

1875 年,巴黎北火车站建成世界上第一座小型火电厂。它用直流发电,供附近照明。

1876 年,俄国人雅布洛奇科夫建立了用于照明供电的小型交流电厂,采用了不闭合铁芯的变压器以改变电压。

1882 年,乌萨金在全俄展览会上展出了升压变压器和降压变压器。

1883 年,在英国伦敦博览会上展出了戈拉尔-吉布斯变压器,该变压器容量达 5 千伏·安,仍然用不闭合铁芯。

1885 年,匈牙利德里研制出闭合磁路的单相干式变压器,采用这种结构使变压器的性能大为改善。

1879 年,旧金山建成世界第一座商用发电厂,该商用发电厂用 2 台发电机供 22 盏电弧灯照明。同年,法国和美国先后装设了试验性电弧路灯。

1882 年,爱迪生建成世界上第一座较正规的发电厂,该发电厂装有 6 台直流发电机,装机容量为 660 千瓦,通过 110 伏电缆供电。

1886 年,美国开始建设发出交流电的电厂,功率为 6 千瓦,用单相供电。英国德特福特电厂、福斯班克电厂,俄国诺沃罗西斯克电厂先后建成。

1888 年,俄国多布罗夫斯基发明了三相制。

1891 年,由法国劳芬电厂至德国法兰克福的三相高压输电线路建成。

1960 年,美国制成 50 万千瓦汽轮发电机组,1963 年制成 100 万千瓦汽轮发电机组。1973 年,美国将 BBC 公司制造的 130 万千瓦汽轮发电机投入运行。

1971 年,苏联将单轴 80 万千瓦发电机组投入运行。1980 年,在科斯特罗姆火电厂单轴 120 万千瓦发电机组投入运行,这是世界上唯一的一台单轴最大机组。目前已有单机容量达 130 万千瓦的发电机组。

现在,中国自行设计制造的单机容量达百万千瓦的发电机组均已投入运行。

二、断路器

20 世纪 20 年代最简单的断路器是金属棒与盛有水银的容器。

1893 年,在美国芝加哥的世界博览会上,多布罗夫斯基展出了他设计的断路器,这个断路器还有过载时自动切断保护发电机的作用。其可动的触头为厚的刀形铜片,片上有一根拉伸弹簧,同时有一个横担将铜刀锁住。断开电路的过程由一个电磁铁控制,运行电流通过电磁铁的线圈,当电流超过了预先调定的限度时,电磁铁吸动将锁释放,铜刀就在弹簧的作用下被拉出,使电路断开,对发电机起保护作用。

1897 年,英国工程师查尔斯·尤金·兰斯洛特·布朗(Charles Eugene Lancelot Brown,1863—1924)取得羊角形触头的断路器专利。羊角形放电间隙原来是作架空线防雷之用,电弧产生后沿角形导体向上运动,使距离逐渐拉长而熄灭。

1895 年,英国费兰特(Ferranti,1864—1930)取得油断路器专利,该断路器安装于迪波福特电站。

三、电力传输

1874 年,俄国的皮罗茨基(1845—1898)进行了直流输电的试验,并申请了专利。

1880 年,俄国《电》杂志的创刊号上发表了拉契诺夫的论文,文中提出:当传输的电能增加或距离加长时必须升高电压。1881 年,这个杂志又发表了马塞尔·德普勒(Mercel Deprez,1843—1918)关于长距离电力传输的论文,他也提出了相同的结论。1882 年,马塞尔·德普勒在法国建造了 57 公里的输电线路,将密士巴赫水电站的电能输送到巴黎展览会现场。该系统传输功率为 3 千瓦,始端电压为 1 413 伏,终端电压为 850 伏,所用导线横截面积为 4.5 平方毫米。

输电技术的进步主要表现在输电电压等级的不断提高上。这要求全面提高电力系统的绝缘强度,研制出工作在高电压下的各种电气设备,如变压器、断路器和绝缘子等。1906 年,悬链式绝缘子问世。与针柱式绝缘子相比,它可以耐受更高的电压,承受更大的质量。采用分裂导线形式的输电线减少了高压导线上的电晕损耗。高压断路器中灭弧技术的改进,如采用磁吹、油吹、压缩空气气吹等措施,提高了断路器的分断能力。在 1955—1965 年,研制出六氟化硫气体封闭式组合电器。

美国在 1908 年开始出现 110 千伏输电线路,1923 年输电电压提高到 220 千伏。其后欧洲许多国家也都相继建成 220 千伏的线路。20 世纪 30 年代以后,输电电压继续提高。1936 年,美国有了 287 千伏的输电线。瑞典于 1954 年首先建成第一条 380 千伏输电线路,此后美国、加拿大等欧美国家相继使用 330～345 千伏输电系统。1959 年,苏联建成 500 千伏的输电线路。1965 年,苏联建成±400 千伏直流架空输电线路。1965 年,加拿大建成 765 千伏交流输电线路。1989 年,苏联建成一条世界上最高电压 1 150 千伏、长 1 900 公里交流输电线路。

20 世纪 70 年代,中国在西北地区建成了 330 千伏的线路。20 世纪 80 年代,中国在华中、华北和东北地区建成了 500 千伏的输电线路。2006 年,中国开始建设由山西经河南到湖北的 1 000 千伏特高压交流输电线路。

四、电力系统继电保护

电力系统对安全可靠性有着非常高的要求。电力系统中的短路、雷击和误操作等都可能导致损坏设备、不能正常供电而使生产停顿,甚至发生人员伤亡事故。为了尽量减小事故的影响范围,一方面要求改进电力系统中设备的设计,另一方面便是设置保护装置。这促进了电力系统中继电保护技术的发展。早期的电力线路中只装有简单的熔断器、避雷器。到 1930 年左右,已研制出多种电磁继电器及相应的保护设施,继电保护技术趋于成熟。之后又引入电子技术,使用固体电子器件如晶体管、晶闸管等整流元件,进而使用计算机技术,为电力系统继电保护技术的发展开辟了新的途径。

五、电力网络

随着电能应用的日益广泛、电力需求的不断增长，许多电厂通过输电线互相连接，形成功率强大、遍及广大地区的电力网。形成电力网的优点在于提高了供电的可靠性，并使电力系统以最经济的方式运行。电力网成为现代社会生产、人民生活中的主要动力来源。保持这种系统的正常运行，对其进行管理、调度、监控，就形成了包括许多技术部门的庞大的产业体系。

随着电子技术、电子计算机技术和自动化技术的发展，电力工业自动化迅速向前发展。以大机组、大电厂、高电压、大电网和高度自动化为特点的现代化电力工业在许多国家已经形成或正在形成。

5.2　中国电力工业的发展

一、中国电力工业发展

1879 年 5 月，上海公共租界装设 7.5 千瓦直流发电机，中国开始使用电照明。

1882 年 7 月，英国人利特尔在上海成立上海电气公司(后改为上海电力公司)，该公司是中国的第一家公用电业公司，在中国建立了第一个功率为 12 千瓦的商用发电厂，以供招商码头电弧灯照明。

1888 年，两广总督张之洞批准华侨黄秉常在总督衙门近旁建立 15 千瓦电厂，以供总督衙门及一些居民照明用电。

1911 年，民族资本经营电力共 12 275 千瓦。

1941—1942 年，日本在东北地区建成 154 千伏和 220 千伏输电线路。

到 1949 年，仅有发电设备 185 万千瓦(台湾地区除外)，发电量为 43 亿千瓦·时，分别居世界第 21 位和第 25 位，每人年平均电量为 8 千瓦·时，而且技术水平相当落后，唯有东北地区装有 50 兆瓦以上的发电机组和 220 千伏的高压线路。

中国电力工业的发展速度在近几年来用突飞猛进来形容一点儿也不过分，从发电装机容量的变化就足以证明。1949 年我国的发电装机只有 185 万千瓦，到 1987 年，用了 38 年的时间，装机总量才达到 1 亿千瓦；然后又用了 8 年时间，到

1995 年才实现装机容量 2 亿千瓦；此后又用 5 年时间，到 2000 年实现了装机 3.19 亿千瓦；2004 年增加超过 5 000 万千瓦的装机，到 2004 年底装机 4 亿千瓦，2005 年净增 1.19 亿千瓦；2006 年新投产 1.12 亿千瓦，也就是说，到 2006 年年底装机规模已实现 6.22 亿千瓦；到 2016 年底，装机规模已达到 16.5 亿千瓦。这样快的增长速度在世界电力工业发展史是绝无仅有的。

1980—2015 年中国装机、发电量及三种主要发电类型的情况如表 5-1 所示。

表 5-1　1980—2015 年中国装机、发电量及三种主要发电类型的情况

年　份	装机容量				发电量			
	总量/亿千瓦	火电/(%)	水电/(%)	核电/(%)	总量/亿千瓦	火电/(%)	水电/(%)	核电/(%)
1980 年	0.658 7	69.2	30.8		3 006	80.6	19.4	
1990 年	1.378 9	73.9	26.1		6 213	79.8	20.2	
2000 年	3.19	67～67.5	30	2.53	13 684	75～77	20	3～3.5
2005 年	5.1	78	21	1.0	24 747	83.1	14.82	2.08
2010 年	9.6	73	22	1.1	41 413	81	15.5	2.23
2015 年	15.06	65	21	1.7	56 184	79.6	28.9	3.19

二、国内外电力工业比较

从 1882 年至 1949 年的 67 年间，中国的电力工业发展是相当缓慢的，而且呈现出与同期世界发达国家的差距越来越大的趋势。而在中华人民共和国成立以后至 2017 年的半个多世纪中，这种差距在逐步缩小。

(1) 单机容量：美国于 1973 年投入单机容量为 130 万千瓦的机组，日本于 1974 年投入单机容量为 100 万千瓦的机组，苏联于 1981 年投入单机容量为 120 万千瓦的机组，中国于 1975 年投入单机容量为 30 万千瓦的机组。

(2) 总装机容量：以 2016 年为例，美国总装机容量达 13.4 亿千瓦；日本总装机容量达 5.51 亿千瓦；中国总装机容量达到 16.5 亿千瓦，居世界首位。

(3) 人均用电量：2016 年，美国年人均用电量已达 2 000 千瓦·时；中国年人均用量不足 500 千瓦·时，低于绝大多数发达国家。

(4) 煤耗：2016 年，美国煤耗约为 303 克/(千瓦·时)；而我国平均煤耗约为 312 克/(千瓦·时)，个别技术较为先进的火电厂煤耗降低到了 270 克/(千瓦·时)。

(5) 线损：根据 2017 年统计数据显示，发达国家线损基本上在 6%左右，我国平均在 6.15%左右。

(6) 厂用电比例:截至 2017 年底,发达国家厂用电比例在 4.0%左右,我国厂用电比例平均在 5.57%左右。

(7) 自动化水平:目前世界各主要工业国家在电力系统中广泛应用计算机控制及屏幕显示作为管理工具,电力工业自动化水平较高。以运行管理人员为例,美国 2014 年对 25 个火电厂进行统计,其平均职工人数为 0.1 人/兆瓦;日本鹿岛电厂装机容量为 440 万千瓦,平均职工人数为 0.114 人/兆瓦,2015 年中国电厂平均职工人数为 0.25 人/兆瓦。

(8) 核电的发展:截至 2017 年 12 月,美国核电装机 9 900 万千瓦,日本核电装机 4 000 万千瓦,法国核电装机 6 300 万千瓦,中国核电装机 5 800 万千瓦。

(9) 水电开发:以 2016 年为例,瑞典水电开发已达 100%,法国水电开发也已接近 90%,美国水电开发已达到 70%,而中国水电开发为 58.6%。

三、中国电力工业发展方针

我国能源发展采取以电力为中心、以煤炭为基础的方针。我国电力工业要大力发展水电,坚持优化火电结构,适当发展核电,因地制宜地发展多种新能源发电,同步发展电网,促进全国联网。

5.3　社会对电力生产、供给的要求及电力工业的特点和电力生产的特征

电能是一种便于生产、传输和利用的二次能源,已被人类社会广泛使用。但是,电能也是一种特殊的产品,社会对电力生产、供给提出了很高的要求。

一、社会对电力生产、供给的要求

社会对电力生产、供给的要求如下。

(1) 安全可靠。

(2) 力求经济。

(3) 保证质量。

(4) 控制污染。

二、电力工业的特点

对于任何一个具备工业体系的国家而言,电力工业一定是它的基础产业、支柱性产业。自诞生以来,电力工业就具有以下三个基本特点:一是电力工业是公用事业;二是电力工业是技术密集的行业;三是电力工业是资金密集的行业。

三、电力生产的特征

与其他生产行业一样,电力工业的产品有生产、运输、销售和使用的过程。但是它们又有显著的不同:一般生产行业的产品是看得见的,由于可以储存,其生产、运输、销售、使用都是可以单独完成的;而电力工业的产品是看不见的,作为广泛利用的二次能源,电能与其他能源也不一样,一般不能大规模储存,电力生产和使用过程是连续的,即发电、输电、变电、配电和用电是在同一瞬间完成的。因此,发电、供电、用电之间必须随时保持平衡。

整个电力生产过程有三个特殊性:一是发电、用电同时完成,这叫作平衡性;二是开关一合,电能就以每秒 30 万公里的速度送给用户,这叫作瞬时性;三是电力系统所特有的功率特殊性——无功功率。为了保证电网电压维持在一定的水平和电网运行稳定,必须保持电网的无功功率的平衡。另外,现代电力系统还具有以下六个特征:① 大电网;② 强联系;③ 多环网;④ 少变压;⑤ 重安全;⑥ 高素质。

5.4 电力工业在国民经济发展中的地位

一、电力工业在国民经济中的地位

电力工业是国民经济的重要基础产业,是国家经济发展战略中的重点和先行产业。我国在成立之初就确立了电力工业先行的地位。从各时期电力生产与经济增长的比较来看，在经济持续增长的年份，电力生产的增长往往超过了 GDP 的增长。在 1995 年至 1999 年间，由于国民经济结构的调整，电力生产的增长速度一度下滑，并且低于 GDP 的增长速度。但在国家财政政策积极的作用下，自 2000 年，电力生产的增长速度又大幅度回升。2010—2015 年 GDP 增长速度与电力增长速度对比表如表 5-2 所示。电力工业作为国民经济的重要先行产业的作用十分明显。

表 5-2　2010—2015 年 GDP 增长速度与电力增长速度对比表

项　目	2010 年	2011 年	2012 年	2013 年	2014 年	2015 年	平　均
GDP 增长/(%)	10.6	7.3	7.9	7.8	7.3	6.9	8
发电量增长/(%)	13.3	8	4.7	7.6	3.2	1.9	6.4
发电容量增长/(%)	10.7	9.7	5.5	9.77	8.7	10.5	9.15

二、技术装备水平不断提高

自 1978 年改革开放以来，经过 40 年的大规模建设，我国电力工业的技术装备水平有了很大的提高，大容量、高参数、高效率的大机组成倍增加，电网的覆盖面不断扩大、现代化程度不断提高，有力地提升了我国工业整体的电气化水平。

实行改革开放后的 1981—1985 年间，净增发电装机容量 50 836.8 兆瓦，以单机容量 200 兆瓦、300 兆瓦、600 兆瓦为主力机组的时期到来了。到 1996 年，百万千瓦以上容量的电厂已有 19 座，还建设了大亚湾核电站和泰山核电站两座核电站。截至 2017 年底，华东、东北、华中、华北地区电网装机容量已超过 30 000 兆瓦。为了提高运行水平，电力调度部门普遍采用了计算机技术等现代化监控手段。电力生产的安全、经济运行水平有了很大提高。

近年来电网发展很快，电厂、电网协调发展。500 千伏输电线传输距离达 5.4 万多公里，成为各大区及省电网的骨干。2016 年，西电东送规模成倍扩大，送电能力达到 1 100 亿千瓦。跨区送电量增大，充分发挥了各电网间调剂余缺的作用。城乡电网建设持续进行，满足了各地用电快速增长的需要，同时提高了供电质量。三峡水电站建成投产，超超临界火电机组及 750 千伏超高压输变电工程建设，初步实现全国联网，标志着我国电力技术水平上了一个新的台阶。另外，我国电网电厂经营管理水平也有很大提高。

三、电源结构和资源分布不平衡，电能局部地区供应不足

我国电力以火电为主，水电、核电和其他新能源发电所占比重较小，电力结构发展不平衡。到2005年底，我国总装机容量达到5.19亿千瓦，其中火电、水电、核电装机容量分别达到78%、21%、1%。2005年全年发电量达到24 747亿千瓦·时，其中火力发电占83.1%，水力发电占14.82%，核能发电占2.08%。2004年全国24个省级电网拉闸限电，夏季高峰时期电力缺口达到30 000兆瓦，相当于总发电量的8%。

从我国资源的分布情况看，我国的煤炭资源主要分布在北部和西北部，其中华北和西北两地区煤炭资源占总量的80%。水能资源主要集中在西部和西南部，这两个地区的水能资源可开发量占总量的82.09%，而开发率不到10%。在总量基本平衡的同时，当前各地区的电力供需情况存在明显差异：2004年以来，华东地区、广东、福建、重庆的电力供应比较严峻，且以广东、华东地区电网的缺电情况最为严重，四川、华中地区、华北地区和南方地区电网供应紧张；东北地区电网和西北地区电网供求平缓，而发达的南方地区和华东沿海地区的电力供应紧张，直接影响了国民经济的快速发展。

根据我国电源结构和资源分布特点，确定我国电力工业发展方针是：提高能源效率，保护生态环境，加强电网建设，大力发展水电，优化发展煤电，推进核电建设，稳步发展天然气发电，加快新能源发电，促进装备工业发展，深化体制改革，实现电力、经济、社会、环境统筹协调发展。

四、中国电力体制改革

中华人民共和国成立之后，电力工业和其他许多国民经济基础产业一样实行“政企合一”的经营管理模式。由国家能源局主管全国电力的生产、管理、销售，电力建设统一由国家投资，独家垄断经营，这是典型的计划经济管理体制。垄断所形成的许多弊端引起了中国的电力体制改革，改革过程到现在为止大体上经历了三个阶段。

电力体制改革初期阶段是1985—1997年。二十世纪八十年代中期，我国经济发展加快，缺电矛盾十分突出，已经严重地制约了我国国民经济的发展和人民生活水平的提高。为了迅速解决这种矛盾，我国开始大规模地集资办电。到1999

年，全国已有大中型中外合资电厂39座，总容量达到2 700万千瓦，电力工业初步形成以国有经济为主、多种所有制经济并存的局面。到二十世纪九十年代中后期，经历了十余年发展的中国电力工业行业终于突破了电力短缺的瓶颈，缺电的矛盾得到明显缓解，电价也出现了松动。这是中国电力体制改革迈出的第一步，其意义在于初步突破了存在30多年的政企合一和垂直一体化垄断两大问题，电力工业由计划经济开始向市场经济转轨。

电力体制改革第二阶段是1998—2000年。由于政企合一问题没有得到完全解决，民办电厂、地方电厂在市场竞争中处于不利地位，矛盾十分突出。1997年1月，国家电力公司(于2002年拆分重组)成立。国家电力公司的成立基于原电力部提出的“公司化改组、商业化运营、法制化管理”的改革方向，其使命从一开始就是明确的：除了自身要逐步完成公司化改制、真正实现政企分开外，作为行业内最大的占据绝对主体地位的公司，当时还承担了协助有关部门推进电力工业改革的重任。电力部撤销后，政府的行业管理职能被移交到经济综合部门。国家电力公司颁布了《国家电力公司系统公司制改组实施方案》，确定了“政企分开，省为实体”和“厂网分开，竞价上网”的主要改革思路。

电力体制改革第三阶段是从2001年至今。我国电力市场的主要问题集中在两个方面，一是多家办电与一家管网同时又管电的矛盾，二是开放竞争与封闭市场的矛盾。为了破除垂直一体化的垄断，通过结构性重组引入了市场竞争机制，建立了竞争性市场条件下的电力监管制度。2002年12月，将原国家电力公司重组后分为十一家公司，包括两家电网公司——国家电网有限公司、中国南方电网公司；五家发电集团公司——中国华能集团有限公司、中国大唐集团公司、中国华电集团有限公司、中国国电集团公司(于2017年8月28日与神华集团有限责任公司合并重组为国家能源集团有限责任公司)、中国电力投资集团公司(于2015年5月29日与国家核电技术公司重组为国家电力投资集团有限公司)；四家辅业集团公司——中国电力工程顾问集团有限公司、中国水电工程顾问集团有限公司、中国水利水电建设集团公司、中国葛洲坝集团公司。中国南方电网公司的经营范围为广西、贵州、云南、海南和广东。国家电网有限公司下设华北(含山东)、东北(含内蒙古东部)、华东(含福建)、华中(含四川、重庆)和西北五个区域电网公司。

随后，国家电力监管委员会及其下设分支机构也相继成立。在中国电力体制改革的第三阶段，实现了厂网分开，引入了竞争机制。这是我国电力体制改革的重要成果，它标志着电力工业在建立社会主义市场经济体制、加快社会主义现代化建设的宏伟事业中，进入了一个新的发展时期。电力体制改革涉及方方面面，是一项复杂艰巨的工作。国家对电力体制改革是按照总体设计、分步实施、积极稳妥、配套推进的要求进行的，要求各个部门进一步统一思想，分阶段地完成改革任务。

思考与练习

5.1　简述中国电力工业的发展与现状。和世界发达国家的电力工业相比，中国电力工业有哪些不足？

5.2　试说明电力工业在是国民经济中的地位。

5.3　电力工业有哪些特点？

5.4　电力生产有哪些特征？

5.5　我国电力体制改革大致经历了哪几个阶段？有何意义？

第6章

电力系统简介

DIANQIXINXI
ZHUANYEDAOLUN

6.1 电力系统及其组成

一、电力系统

电力系统是由发电厂(见图 6-1)、变电站(见图 6-2)、输电网、配电网和电力用户等环节组成的电能生产与利用系统。它的功能是将自然界的一次能源通过发电动力装置(主要包括锅炉、汽轮机、发电机和发电厂辅助生产系统等)转化成电

图 6-1 发电厂

图 6-2 变电站

能，经输电系统、变电系统将电能输送到负荷中心，再由配电变电站向用户供电，也有一部分电力不经配电变电站，直接分配到大用户，由大用户的配电装置为用户进行供电。输电系统、变电系统和配电系统组成的整体称为电力网（简称电网，见图 6-3），是电力系统的重要组成部分。

图 6-3　电力网

电力系统的出现，使高效、清洁、使用方便和易于调控的电能得到广泛应用，推动了社会生产各个领域的发展，开创了电气时代，促使人类社会发生了第二次技术革命。电力系统的规模和技术水平已成为衡量一个国家经济发展水平的重要标志之一。

二、电力系统的构成和运行

电力系统的主体结构有电源、电力网和负荷中心。电源指各类发电厂、变电站，它将一次能源转换成电能；电力网由电源的升压变电站、输电线路、负荷中心变电站和配电线路等构成，它的功能是将电源输出的电压升高到一定等级后，通过高压输电线路输送到负荷中心变电站，经负荷中心变电站降压至一定等级后，经配电线路供给用户。

电力系统中网络节点交织密布，有功潮流、无功潮流、高次谐波、负序电流等以光速在全系统范围传播。为确保电力系统安全、稳定、经济地运行，必须在不同层次上按技术要求配置各类自动控制装置与通信系统，组成信息与控制子系统。

电力系统运行是指组成电力系统的所有环节都处于执行其功能的状态。电力系统运行中，电力负荷的随机变化和外界的各种干扰（如雷击等）会影响电力系统的稳定，导致电力系统电压与频率的波动，从而影响电力系统电能的质量，严重时会造成电压崩溃或频率崩溃。电力系统运行状态分为正常运行状态和异常运行状态。其中，正常运行状态又分为安全状态和警戒状态，异常运行状态又分为紧急状态和恢复状态。

电力系统在保证电能质量、实现安全可靠供电的前提下，还应实现经济运行，即努力调整负荷曲线，提高设备利用率，合理利用各种动力资源，降低燃料消耗、厂用电和电力网络的损耗，以取得最佳经济效益。

三、电力系统的调度

由于电能无法大规模储存，它的生产、传输、使用是在瞬间同时完成的，并要保持产、销平衡。因此，它需要有一个统一的调度指挥系统。这一系统实行分级调度、分层控制，其主要工作有：① 预测用电负荷；② 分配发电任务，确定运行方式，安排运行计划；③ 对全电力系统进行安全监测和安全分析；④ 指挥操作，处理事故。完成上述工作的主要工具是电子计算机。

四、电力系统的规划

大型电力系统是现代社会生产部门中空间跨度最广、时间协调要求最严格、层次分工极其复杂的产、供、销一体化系统。它的建设不仅耗资大，费时长，而且对国民经济的影响极大。所以制订电力系统规划必须注意其科学性、前瞻性。要根据历史数据和规划期间的电力负荷增长趋势做好电力负荷预测，并在此基础上按照能源布局制订好电源规划、电网规划、网络互联规划和配电规划等。电力系统的规划问题需要在时间上展开，从多种可行方案中优选最佳方案。电力系统的规划问题是一个多约束条件的具有整数变量的非线性问题，需利用系统工程的方法和先进的计算技术来解决。

五、电力系统的研究和开发

电力系统的发展是电力系统研究与开发和生产实践相互推动、密切结合的过程，是电工理论、电工技术及有关科学技术和材料、工艺、制造等共同进步的集中反映。电力系统的研究与开发，还在不同程度上直接或间接地对信息、控制和系统理论及计算机技术起到推动作用。反之，这些科学技术的进步又推动着电力系统现代化水平的日益提高。超导技术的发展、动力蓄电池和燃料电池的成就使得创造电能储存和建立分散、独立的电源具有一定的可能性，展现出电力系统重大变革的前景。

6.2 发 电 厂

电能在生产、传输、使用中比其他能源更易于调控，因此，它是较为理想的二次能源。发电在电力工业中处于中心地位，决定着电力工业的规模，也影响着电力系统中输电、变电和配电等各个环节的发展。到20世纪80年代末，主要发电形式是火力发电、水力发电和核能发电，三者的发电量占全部发电量的99%以上。火力发电因受煤、石油、天然气资源的限制及环境污染的影响，就全世界范围而言，在20世纪80年代所占比重由70%左右降至64%左右；水力发电因工业发达国家的水资源开发已接近90%，故所占比重维持在20%左右；核能发电的比重则呈上升趋势，到20世纪80年代末已超过15%。这反映出随着石化燃料的短缺，核电将越来越受重视。

一、火力发电

利用煤、石油、天然气等自然界蕴藏量极其丰富的化石燃料发电称为火力发电。火力发电流程示意图如图6-4所示。

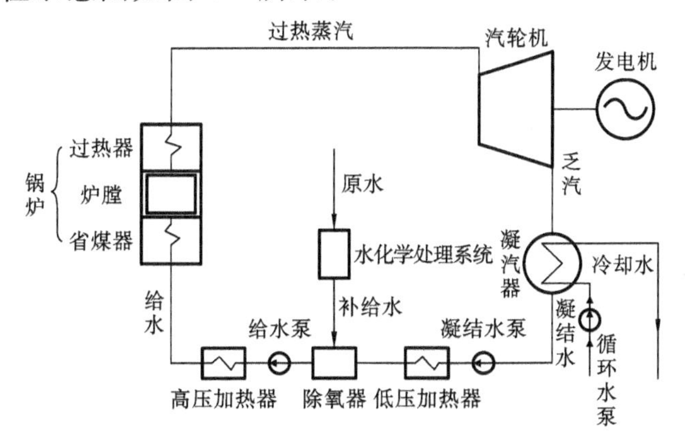

图6-4 火力发电流程示意图

火力发电厂由三大主要设备——锅炉、汽轮机、发电机和相应的辅助设备组成。它们通过管道或线路相连构成生产主系统，即燃烧系统、汽水系统和电气系统。

二、水力发电

利用江河水流从高处流到低处存在的势能进行发电称为水力发电。水力发电流程示意图如图 6-5 所示。当江河的水由上游高水位经过水轮机流向下游水位时，以所具流量和落差做功，推动水轮机旋转，带动发电机组发出电力。水轮发电机组发出的功率 P 与上下游水位的落差 H 和单位时间流过水轮机的水量 Q 成正比。为了有效地利用天然水能，需要人工修建形成集中落差和能调节流量的水工建筑物，如筑坝形成水库、建设引水建筑物和厂房等，以构成水电站。水电站由水工建筑物、厂房、水轮发电机组及变电站和送电设备组成。

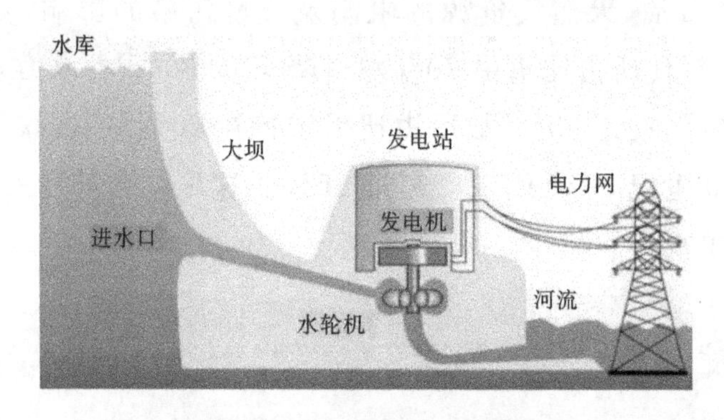

图 6-5　水力发电流程示意图

三、核能发电

核能指原子核能，又称原子能，是原子结构发生变化时放出的能量。目前，从实用角度来讲，核能指的是一些重金属元素如铀、钚的原子核发生分裂反应（又称裂变）或者轻元素如氘、氚的原子核发生聚合反应（又称聚变）时，所放出的巨大能量，前者又称为裂变能，后者又称为聚变能。

核电厂与火电厂的区别是，核电厂利用核蒸汽发生系统（由反应堆、蒸汽发生器、泵和管道组成）代替火电厂的蒸汽锅炉。它的反应堆是将核能转变为热能的设备，是核电厂的核心，是一个可以控制的核裂变装置。

按照把热量从反应堆导入蒸汽发生器的方式不同，核电厂分为沸水堆核电厂和压水堆核电厂。它们分别使用沸水堆反应系统(见图 6-6)和压水堆反应系统(见图 6-7),前者又称为单回路系统,后者又称为双回路系统。

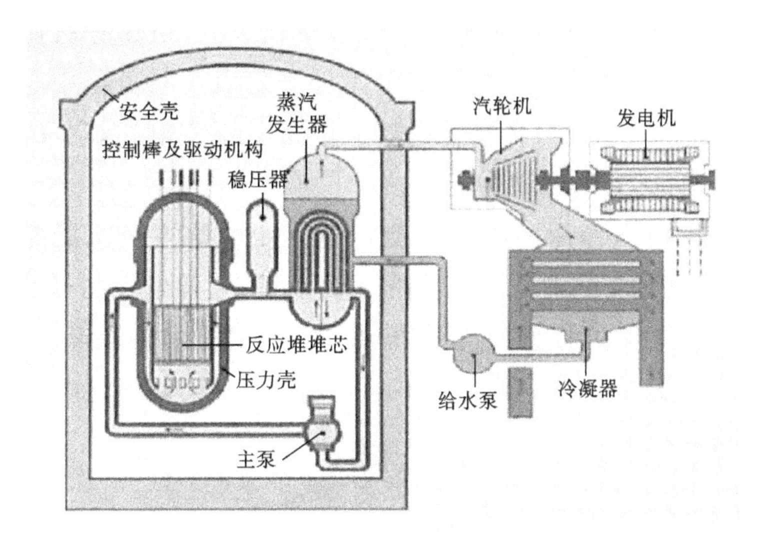

图 6-6　沸水堆反应系统

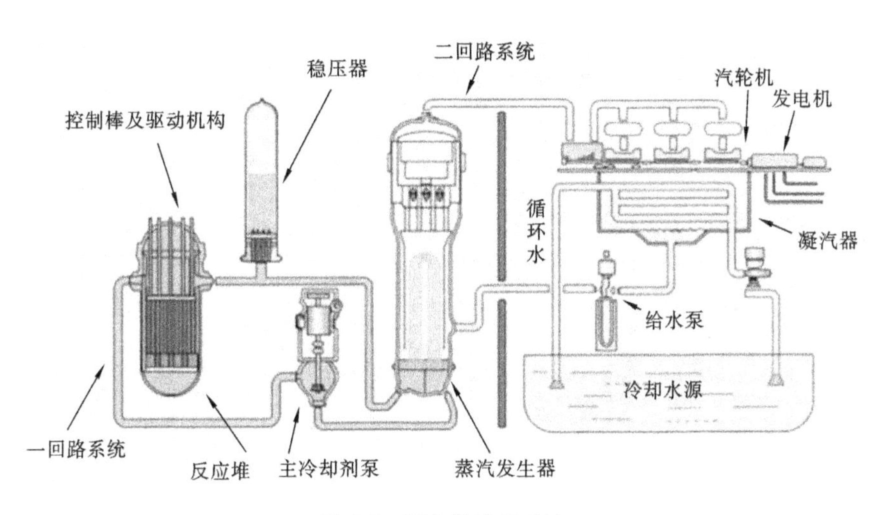

图 6-7　压水堆反应系统

6.3 变　电　站

一、变电站

变电站是电力网的重要组成部分,它的任务是汇集电源、变换电压和分配电能。它通过变压器将各级电压的电网联系起来。变电站按其变换电压的功能划分可分为升压变电站、降压变电站，按其容量和重要性划分可分为枢纽变电站、中间变电站和终端变电站。枢纽变电站一般容量比较大，电压等级比较高，处于联系电力系统各部分的中枢地位；中间变电站处于发电厂与负荷中心之间，从这里可以转送或分配一部分电能；终端变电站一般是降压变电站，它只负责向某一局部地区用户输送电能，有时也称为配电站。

变电站起变换电压作用的设备是变压器。变电站主变压器如图 6-8 所示。除此之外，变电站的设备还有开闭电路的开关设备，汇集电流的母线，计量和控制用互感器、仪表，继电保护装置，防雷保护装置，调度通信装置等。有的变电站还有无功补偿设备。变电站的主要设备和连接方式按其功能不同而有差异。

图 6-8　变电站主变压器

变压器是变电站的主要设备，电压互感器和电流互感器分别是变电站用来测量高电压和大电流的辅助设备，它们的工作原理和变压器相似。它们分别把高电压设备和母线的运行电压和运行电流按规定比例变成测量仪表、继电保护及控制设备所需要的低电压和小电流。变电站的开关设备包括断路器、隔离开关、负荷开关和高压熔断器等，其功能是断开或闭合电路。

为了减小变电站的占地面积，近年来积极发展气体绝缘全封闭组合电器。它把断路器、隔离开关、母线、接地开关、互感器、进出线套管和电缆终端头等元件组合封闭在接地的金属壳体内，充以六氟化硫气体作为绝缘介质和灭弧介质所组成的成套开关设备。这种组合电器具有结构紧凑、体积小、质量轻、不受大气条件影响、检修间隔长、无触电事故和无电噪声干扰等优点，具有发展前景，已在一些变电站投入运行。目前，它的缺点是价格贵，制造和检修工艺要求高。

变电站还装有防雷保护装置。变电站装设的防雷保护装置主要有避雷针和避雷器。变电站装设避雷针是为了防止变电站遭受直接雷击，把雷电流引入大地。在变电站附近的线路上落雷时，雷电波会沿导线进入变电站，产生过电压。另外，断路器操作等也会引起过电压。避雷器的作用是当过电压超过一定限值时，自动对地放电，保证电力系统正常运行。目前，使用最多的避雷器是氧化锌避雷器。

二、配电系统

配电系统是指电力系统中直接与用户相连并向用户分配电能的环节。配电系统由配电变电所（通常是将电网的输电电压降为配电电压）、高压（即 1 千伏以上电压）配电线路、配电变压器（见图 6-9）、低压（1 千伏以下电压）配电线路和相应的控制保护设备组成。配电电压通常有 35～60 千伏和 3～10 千伏等。

图 6-9　配电变压器

配电系统中常用的交流供电方式如下。① 三相三线制。三相三线制的接线分为三角形接线（用于高压配电、三相 220 伏电动机和照明）和星形接线（用于高压配电、三相 380 伏电动机）。② 三相四线制。三相四线制用于 380/220 伏低压动力与照明混合配电。③ 三相二线一地制。三相二线一地制多用于农村配电。④ 三相单线制。三相单线制常用于电气铁路牵引供电。⑤ 单相二线制。单相二线制主要供应居民用电。

配电系统中常用的直流供电方式如下。① 二线制。二线制用于城市无轨电车、地铁机车、矿山牵引机车等的供电。② 三线制。三线制供应发电厂、变电所、配电所自用电和二次设备用电，以及电解和电镀用电。

配电线路按结构分为架空线路和地下电缆。农村和中小城市可用架空线路，大城市(特别是市中心区)、旅游区和居民小区等应采用地下电缆。

思考与练习

6.1 简述电力系统的组成和功能。

6.2 试说明电力系统调度的主要任务。

6.3 核电厂与火电厂的主要区别在哪里？

6.4 简述变电站在电力系统中的作用和地位。

第7章

高电压与绝缘技术

DIANQIXINXI
ZHUANYEDAOLUN

7.1 高电压与绝缘技术概述

一、高电压与绝缘技术的基本任务和特点

1. 高电压与绝缘技术的基本任务

高电压与绝缘技术基本任务是：研究在高电压的作用下各种绝缘介质的性能和不同类型的放电现象，高电压设备的绝缘结构设计，高电压试验和测量的设备和方法，电力系统的过电压、高电压或大电流产生的强电场、强磁场或电磁波对环境的影响和防护措施，以及高电压在其他领域的应用等。

2. 高电压与绝缘技术的特点

高电压与绝缘技术具有以下三个特点：① 实验性强；② 理论性强；③ 交叉性强。

二、高电压与绝缘技术的理论基础

绝缘介质也称为电介质，按存在的状态分为气体、液体和固体三种。不同存在状态的绝缘介质在高电压的作用下的表现是不同的。高电压与绝缘技术的理论基础是绝缘介质的放电和击穿理论及相关的理论知识，包括：

(1) 气体(主要包括大气条件下的空气、压缩空气、六氟化硫气体及高真空)放电过程的规律；

(2) 不同电压形式下各种气体绝缘介质的绝缘特性；

(3) 绝缘子的沿面放电、污秽放电；

(4) 液体、固体绝缘介质的极化、电导与损耗及击穿理论；

(5) 液体、固体绝缘介质的老化机理。

三、高电压与绝缘技术的主要研究内容

高电压与绝缘技术的主要研究内容如下。

(1) 高电压绝缘特性研究和绝缘诊断。

(2) 电力系统过电压及其防护技术。

(3) 高电压试验设备、方法和测量技术。

7.2 高电压与绝缘技术的产生和发展

在电工科学领域，对高电压现象的关注由来已久。通常所说的高电压，一般是相对某些极端条件下的电磁现象而言的，它是一个相对的概念，并没有在电压数值上划分一个界限。

历史上有很多著名的实验和科学家与高电压有关。本杰明·富兰克林风筝实验发现雷电与摩擦电具有相同的性质。威廉·康拉德·伦琴在德国维尔茨堡大学实验室里从事阴极射线的实验工作期间，通过一件偶然事件发现一种新的射线，该射线被取名"X 射线"。自 E. 卢瑟福 1919 年用天然放射性元素放射出来的 α 射线轰击氮原子首次实现了元素的人工转变以后，物理学家就认识到，要想认识原子核，必须用高速粒子来变革原子核。天然放射性提供的粒子能量有限，因此为了开展有预期目标的实验研究，几十年来人们研制和建造了多种粒子加速器(particle accelerator)。粒子加速器是用人工方法产生高速带电粒子的装置。图 7-1 所示的北京正负电子对撞机是我国第一台粒子加速器。范德格拉夫起电机，简称范氏起电机，是由美国物理学家范德格拉夫在 1931 年发明的，该起电机以摩擦生电为工作原理，不断产生大量电荷。从上面的事例可知，研究如何获得高电

图 7-1　北京正负电子对撞机

压及在高电压下的绝缘介质和系统的行为是高电压应用的基础。

直到20世纪初,高电压才逐渐成为一门独立的科学分支。当时的高电压技术主要用于解决高电压输电中的绝缘问题。因此可以说,高电压与绝缘技术是随着高电压远距离输电和高电压设备的需要而发展起来的一门电力科学技术。为了把这些电站发出的电力既经济又安全地输送到用户,需要建很多高电压电力网,制造许多电压很高的电力设备,要解决这些问题,就需要高电压与绝缘技术。因此,高电压与绝缘技术是电力工业和电力设备制造工业所必须深入研究的一个重要的领域。

20世纪以后,随着电能应用的日益广泛,电力系统所覆盖的范围越来越大,输电电压等级不断提高。就世界范围而言,交流输电线路经历了35千伏、60千伏、110千伏、150千伏、230千伏的高压,287千伏、400千伏、500千伏、735～765千伏的超高压,以及1 150千伏的特高压的发展。与此同时,直流输电线路也经历了±100千伏、±250千伏、±400千伏、±450千伏、±500千伏和±750千伏的发展。这些阶段的发展都与高电压技术解决了输电线路的电晕现象、过电压的防护和限制及静电场和电磁场对环境的影响等问题密切相关。20世纪60年代以后,为了适应大城市电力负荷增长的需要,以及克服城市架空输电线路走廊用地的困难,地下高压电缆输电发展迅速,由220千伏、275千伏、345千伏发展到20世纪70年代的400千伏、500千伏电缆线路。同时出于减小变电所占地面积和保护城市环境的需要,气体绝缘全封闭组合电器(gas insulated switchgear,简称GIS)得到越来越广泛的应用。GIS是将断路器、隔离开关、接地开关、电流互感器、电压互感器、避雷器、母线、进出线套管和电缆终端等元件组合封闭在接地的金属壳体内,充以一定压力的六氟化硫气体作为绝缘介质和灭弧介质所组成的成套开关设备。所以,市场需求和技术创新是高电压与绝缘技术产生和发展的根本动力。

我国超高压电网是指交流330千伏、500千伏、750千伏电网和直流±500千伏输电系统。图7-2所示为位于鄂东的某500千伏变电站。特高压电网是指交流1 000千伏电网和直流±800千伏输电系统。

绝缘材料是高电压技术及电气设备结构中的重要组成部分,其作用是把电位不同的导体分开,使其保持各自的电位而没有电气连接。具有绝缘作用的材料称为绝缘材料,也叫作绝缘介质、电介质。绝缘介质在电场的作用下会发生极化、电导、损耗和击穿等现象。随着输电电压等级的升高、输电容量的提高,要求大型发电设备和输变电设备向着高压、大容量的方向发展,这就要求绝缘介质具有更高

图 7-2　鄂东某 500 千伏变电站

的介电强度、更低的介电损耗和良好的耐电晕腐蚀能力。一方面，我们在绝缘介质的电气特性、输电线和电气设备的绝缘结构、过电压防护和限制、高压试验技术，以及电磁场对环境的影响等方面进行了深入的研究，为高电压与绝缘技术的发展奠定了坚实的基础；另一方面，高电压与绝缘技术加强与其他学科的相互渗透和联系、不断汲取其他科学领域的新成果，新材料（新型绝缘材料、超导材料、新型磁性材料等）在高压设备上得到迅速的推广应用，以及新技术（纳米技术、传感技术、微电子技术等）在高电压技术领域应用，无疑为推动高电压与绝缘技术的发展起到显著的作用。

电能与人类的生存、发展密切相关，而高电压与绝缘技术是其中一个很重要的知识体系，它是支撑电能应用的一根有力的支柱。高电压与绝缘技术的发展不仅对电力工业、电工制造业有重大影响，而且在电工以外的其他领域，如近代和现代物理、航空与航天领域、机械加工、石油工业、生物医学、环境等领域，也得到广泛应用。因此，高电压与绝缘技术在电力行业和多种新兴学科领域占有十分重要的地位。

7.3　我国高等学校的高电压与绝缘技术专业

在我国 1993—1998 年的普通高等学校专业目录中，十大门类之一工学门类下设 22 个二级类。其中电工学二级类下有五个专业，分别是电机电器及其控制、电力系统及其自动化、高电压与绝缘技术、工业自动化和电气技术；电子与信息二级类下有 14 个专业。1996 年至 2000 年间，我国高等教育在专业设置、人才培养模式、课程体系和教学内容、教学方法与手段、实践条件与内容等方面开展了全方位的改革。把电机电器及其控制、电力系统及其自动化、高电压与绝缘技术和电气技术专业合并为电气工程及其自动化，把工业自动化和电子与信息二级类下的自动控制等专业合并为自动化专业，专业口径大大拓宽。电气工程及其自动化专业的定位是：以强电为主，强弱电结合的专业。高电压与绝缘技术方向成为本科电气工程及其自动化专业下的一个专业方向。在本科课程设置方面，加强基础、拓宽专业面已成为共识。“高电压技术”课程合并了原来高电压与绝缘专业本科阶段开设的“高电压绝缘”“高电压试验技术”和“电力系统过电压”等课程，该课程是一门综合多学科的专业基础课程，是电气工程及其自动化专业，尤其是强电类专业学生的必修课程，是学生掌握“高电压与绝缘技术”学科基础知识的主要渠道。该课程的主体内容旨在正确处理电力系统中过电压与绝缘这一对矛盾，使学生掌握各种电介质和绝缘结构的电气特性、电力系统过电压及其防护措施、绝缘与高电压试验方面的知识。该课程内容来源于科学实践和生产第一线，又不拘泥于学科系统，以适应多学科要求，满足不同层次的需要。所以，本科阶段还开设了与高电压有关的专业课供学生进一步选修。

进入研究生阶段，高电压与绝缘技术专业是研究生专业目录中电气工程一级学科下的一个二级学科，其他的四个二级学科分别是电机与电器、电力系统及其自动化、电力电子与电力传动和电工理论与新技术。

7.4　高电压技术及其在其他领域中的应用

高电压技术最早是从静电物理中提出来的，但作为一门独立的学科，则是随着电力系统的发展而形成的，尤其是从瑞典 1952 年兴建世界上第一条 380 千伏高压输电路线以来，高电压技术得到了迅猛的发展，内容不断地丰富。除了在电力工程领域有着广泛的应用以外，高电压技术在非电力领域也得到了蓬勃的发展和广泛的应用，如应用于高能物理、等离子体物理技术、大功率激光、核技术、生物、环保、医疗保健、超导、航空技术、绝缘与在线检测及电磁兼容等领域。应用于这些领域的高电压技术一般统称为高电压新技术，包括高功率脉冲技术、等离子体、线爆技术和液电技术等。

思考与练习

7.1　高电压与绝缘技术有哪些特点？

7.2　高电压与绝缘技术的理论基础有哪些？

7.3　简述高电压与绝缘技术的主要研究内容。

7.4　高电压技术在其他领域有哪些应用？

第8章

电力电子与电气传动技术

DIANQIXINXI
ZHUANYEDAOLUN

8.1 电力电子技术

电力电子技术(power electronics technology)是一门将电子技术和控制技术引入传统的电力技术领域,利用由功率半导体器件(又称电力电子器件)组成的各种电力变换电路对电能进行变换和控制的一门新兴学科。20 世纪 60 年代,该学科被国际电工委员会命名为电力电子学或功率电子学(power electronics),又称为电力电子技术。电力学、电子学和控制理论是电力电子技术的三根支柱。电力电子电路与电子电路的许多分析方法是一致的,它们的共同基础是电路理论,只是应用有所不同,电力电子电路用于功率转换,如电源电路、功率放大电路和输出电路都可看成电力电子电路,所以也可以把电力电子技术看成是电子技术的一个分支,这样,电子技术就可以划分为信息电子技术和电力电子技术两大分支。

电力电子技术学科的交叉构成关系如图 8-1 所示。

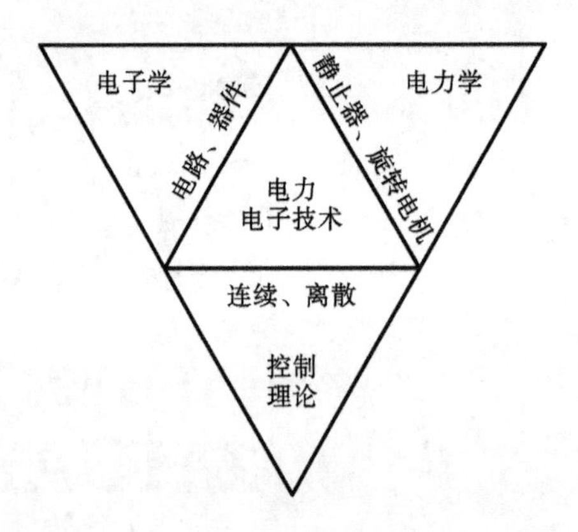

图 8-1 电力电子技术学科的交叉构成关系

电力电子器件主要有硅整流二极管、晶闸管、双极型功率晶体管、功率场效应晶体管和绝缘基极的功率晶体管(IGBT)。这些器件正沿着功率化、快速化、模块化和智能化方向发展。在高电压、大电流的应用(如高压直流输电、无功补偿等)中,目前晶闸管仍占主导地位,但由于绝缘基极的功率晶体管开关速度快,又是电压驱动元件,控制灵活,因此在 1 000 千伏以下的电力变换器中,绝缘基极的功率晶体管是佼佼者。

一、电力电子的核心技术

电力电子技术采用功率半导体器件进行功率变换、控制和大功率电路开/关等，所以说功率变换和控制技术构成了电力电子技术的核心。

由于电力电子技术主要用于功率变换，因此可以认为变流技术是电力电子技术的核心和主体。电力电子器件制造技术的理论基础是半导体物理，而变流技术的理论基础是电路理论。电力电子电路和装置通常被叫作变换器(converter)。按照电能变换功能分类，功率变换通常可分为四大类，即交流变直流、直流变交流、直流变直流和交流变交流，如表 8-1 所示。它们各可通过相应的变流器或变换器来实现。将交流电转换为固定的或可调的直流电的变换是正变换，称为整流，所用的变换装置叫作整流器；将直流电转换为频率和电压固定或可调的交流电的变换，称为逆变(换)；将交流电变换为频率和电压固定的或可调的交流电称为交流变流(由交流到交流的变流)。其中，交流电压有效值的调节称为交流电压控制或交流调压，所用装置称为交流调压器；而将 50 赫兹工频交流电直接转换成其他频率的交流电，称为交交变频，它是将固定的交流电变为电压、频率可调的交流电。交交变频所用装置叫作周波变换器，它将直流电的参数(幅值的大小或极性)加以转换(直流变流：由直流到直流的变流)，即将恒定直流变成断续脉冲形状，以改变其平均值。当直流到直流变流器电路使用晶闸管组成时，称周波变换器为斩波器。

表 8-1　功率变换

输入(电源侧)	输出(负载侧)	
	直流	交流
交流	正变换(整流器)	交流功率调节
		频率变换(循环换流器)
直流	直流变换(斩波器)	逆变换(逆变器)

二、电力电子技术学科的产生与发展

电力电子技术发展历史上的若干重要事件如下。

1897 年，开发了三相二极管桥式整流器。

1901 年，Peter Cooper Hewitt 演示了玻璃壳汞弧整流器。

1906 年，Kramer 传动问世。

1907 年，Scherbins 传动问世。

1926 年，热阴极闸流管问世。

1930 年，纽约地铁安装了用于直流传动的 3 兆瓦栅控汞弧整流器。

1931 年，德国铁路上安装了用于电动机牵引传动的汞弧周波变换器。

1934 年，充气闸流管周波变换器(同步电动机，约 295 千瓦)安装于洛根发电站，用于引风机传动(第一次实现交流变频传动)。

1948 年，贝尔实验室发明了晶体管。

1956 年，硅功率二极管问世。

1958 年，商用半导体晶体闸流管(SCR)由通用电气公司引入市场。

1971 年，矢量控制(或磁场定向控制)技术问世。

1975 年，日本东芝公司将大功率的 BJT 引入市场。

1978 年，IR 公司将功率 MOSFET 引入市场。

1980 年，大功率的 GTO 在日本问世。

1981 年，二极管箝位的多电平逆变器问世。

1983 年，IGBT 在通用电气公司问世。

1983 年，空间(电压)矢量 PWM 技术问世。

1986 年，直接转矩控制(DTC)技术问世。

1987 年，模糊逻辑首次应用于电力电子。

1991 年，人工神经网络被应用于直流电动机传动。

1996 年，ABB 公司将正向阻断型 IGCT 引入市场。

电力电子技术的发展史简图如图 8-2 所示。

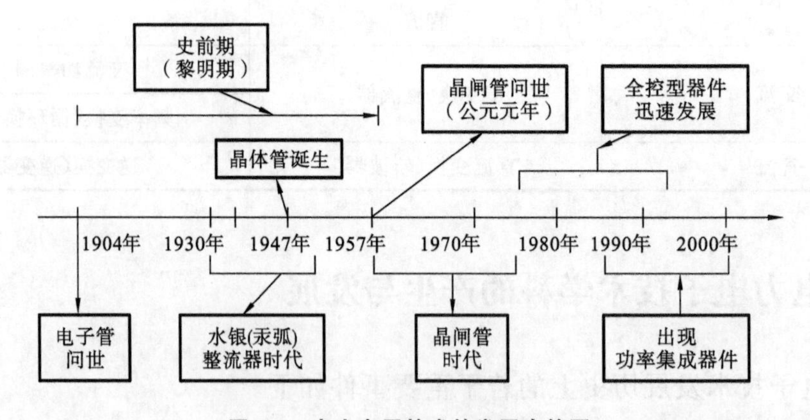

图 8-2　电力电子技术的发展史简图

三、电力电子技术的主要应用

电力电子技术的应用已深入工业生产和社会生产的各个方面。电力电子技术典型的用途包括电化学、直流传动、交流传动、电机励磁、电镀与电加工、中频感应加热、交流不间断电源、稳定电源、电子开关、高压静电除尘、直流输电和无功补偿等。电力电子技术已成为传统产业和高新技术领域不可缺少的关键技术，可以有效地节约能源，成为新能源（燃料电池、太阳能和风能等）与电网的“中间接口”。

1. 在电力系统中的应用

电力电子技术在发电环节的应用以改变发电机组等多种设备的运行特征为主。大型发电机采取静止励磁控制，晶闸管整流自并励静止励磁结构简单、可靠性高、造价低，由于省去了中间惯性环节励磁机，所以调节快速，有利于先进的控制规律发挥作用并产生良好的控制效果。

水力、风力发电机采用变速恒频励磁。为获得水力、风力发电的最大有效功率，应使机组变速运行，作为技术核心的变速电源通过调节转子励磁电流的频率，使其与转子转速叠加后保持定子频率即输出频率恒定。

发电厂风机水泵采用变频调速，可以节能。

在输电系统中，电力电子技术的应用有柔性交流输电技术、高压直流输电技术和静止无功补偿器。采用 IGBT 等可关断器件组成的 FACTS 元件可以快速、平滑地调节系统参数，从而灵活、迅速地改变系统的潮流分布。采用结合电力电子技术与现代控制技术的柔性交流输电技术对电力系统电压、参数、相位角、功率潮流进行连续调控，可大幅度降低输电损耗，提高输电能力和系统的稳定水平。远距离高压直流输电有很多优点，如在相同的电压和导线截面积条件下输出极限功率大，传送相同的功率时损耗小、压降低，线路投资低等。但直流输电线路首、末端要接入晶闸管相控整流电路和有源逆变器，它们都以三相全控桥电路为基本单位，即由多个三相桥变换器串并联组合成基本单位，由多个三相桥变换器串并联组合成复合结构变换器。静止补偿器通过用以晶闸管为基本元件的固态开关替代电气开关快速、频繁地控制电抗器和电容器，来改变输电系统导纳。

用户电力技术是电力电子技术和现代控制技术在配电系统中的应用，它和 FACTS 技术是快速发展的姊妹型新技术，二者的共同基础技术是电力电子技术，各自的控制器在结构和功能上也相同，仅额定电气值不同。后者用于交流输电系统，用以加强其可控性，增大其传输能力；前者用于配电系统，用以加强可靠性和提高供电质量。目前二者逐渐融合在一起。

近年来出现的永磁无刷电动机及其直流调速系统在电机的调速和节能效果等方面显示出了极强的生命力。它的显著特点是用永磁代替外激磁，用提取转子的位置信号来控制的电子换相替代电刷换相，这种拖动系统调速范围宽、低速转矩大、启动迅速，因而可免去许多场合下使用的齿轮变速箱或皮带转动，大大降低了噪声。永磁无刷电动机的直流变频调速系统已在许多领域取代交流异步电动机的变频调速系统，在发达国家，已广泛应用于工业、军工和家用电器等领域，特别是已成功应用于先进的水下武器——水雷的动力驱动系统之中，我国在这一领域起步较晚，但发展势头良好。

近年来，因为对电力的需求增加和非线性电子设备的敏感负载对电力质量的要求高，电力电子装置在配电和电能质量控制中的应用已经成为热门课题。为了得到最高输电量和保证在分布系统的公共点具有高的电力质量，电压调节技术、无功谐波控制技术等已成为必不可少的技术，典型的设备有电力调节器、静止无功发生器、有源滤波器、精致调相机和电力潮流控制器等。

另外，还有同步开断技术、直流电源、不间断电源和全固态化交流电源，它们都是电力电子技术在电力系统中的重要应用。

2. 两项关键性应用

(1) 高频开关电源是主要用于满足计算机、通信和数字信息处理系统需求的电源产品，它的特点是高性能、高效率、高可靠性和高功率密度，这种电源产品还应用于一切军民用电子设备中。现代通信电源是高频开关电源技术的代表作及产业和市场的主力军，其技术特色是用先进的集成化场控器件构造主变换回路，以软开关技术和智能化控制技术为核心，以计算机仿真和优化设计技术为手段，以高性能、高可靠性为目的。个人计算机电源需求量巨大，其特点是单机电源价格低、利润也比较低，但批量巨大，总产值和利润也相当可观。各种工业、军用、民用开关电源，以软开关模件为核心来构造的电源，以各种专用的电源控制和管理IC为核心加上外围电路构成的电源等，广泛应用于一切电子设备、计算机和数字信息系统及各种军事设备，应用范围包括所有军事、工业和民用电子设备的一切领域。

(2) 变频技术及这一领域的电力电子变换装置主要是为了这样一个目的，即根据用户的需求实现电能 AC-AC 变换，包括实现电压、电流、频率、波形等主要参数的变换。

感应加热装置是变频技术应用的一个重要领域，目前我国已开发出功率达几百千瓦、频率为几十千兆的超音频感应加热电源，这种高频感应加热装置可广泛应用于精密合金铸造、热处理、焊接等工业领域，具有可靠性高、综合性能好、电能应用效率低、对环境的污染少的优点。高频逆变整流式电焊机在综合性能上比传统电焊机优越得多，代表着电焊机的发展方向。这种基于变频技术的电焊机具有效率高、体积小、质量轻、空载损耗小、焊接质量好等优点。

3. 其他应用

（1）电车控制。

（2）节能与照明。

（3）电力电子和利用自然能量发电实现能源的可持续利用。

（4）环境保护。

电力电子技术之所以能应用于如此之多的领域，是因为利用它可以达到下列要求。

（1）增强功能（达到迄今不能达到的要求）。

（2）提高性能（加快响应速度，提高控制精度）。

（3）提高效率（可做到节电、节能）。

（4）保养简单（可采用没有电刷和换向器的交流电动机，来代替具有电刷和换向器的直流电动机）。

（5）体积小、质量轻（利用高频导通和关断，可使具有铁芯的装置小型化）。

四、电力电子技术在现代工业中居于重要地位

电力电子技术的研究对象是电能形态的各种转换、控制、分配、传送和应用，其研究成果和产品涵盖了所有军事、工业和民用等产业的一切电子设备、数字信息系统和通信系统。电力电子技术的诞生和发展使人类对电能利用的方式发生了革命性的变化，并且极大地改变了人们利用电能的很多观念。在世界范围内，用电总量中经过电力电子装置变换、调节和控制所占的比例成为衡量一个国家工业化发达程度的重要指标。

电力电子技术是工业化的强劲基础，信息技术必须通过电力电子技术才能带动工业化。如果将信息技术看作人的大脑，那么电力电子技术就是人的消化系统，将为国民经济提供高效、清洁的绿色能源，是信息化带动工业化的关键环节。

电力电子技术已经渗透到各个学科领域之中，在铁路、汽车、飞机、计算机、电话、空调、航空、网络、激光、光纤、农业、机械化、核能利用、高速公路等20项20世纪人类伟大的工程技术成果中，都不同程度地应用到了电力电子技术。这充分说明，电力电子技术业已成为当今世界经济的重要支柱。

五、电力电子技术的发展和特点

电力电子技术从诞生到发展壮大再到今日的辉煌，经历了十分艰难的发展历程。电力电子技术从本质上讲属于强电电子技术的范畴，但是完成强电变换的主回路要用弱电来实现智能化、数字化和最优化控制等，这样就会不断提出各种层次的工程问题，这些问题正是电力电子学理论发展和新兴器件诞生的强大推动力。电力电子装置研发又必须解决元器件选择、主电路拓扑设计、控制方案设计及优化、结构布局和传热设计、可靠性、可维护性及冗余设计直至工程实施等一系列技术难题。电力电子技术的发展也离不开相关理论的支撑。新型电力电子器件的不断推陈出新使得现代电力电子技术呈现出以下特点。

（1）全控化。

（2）集成化。

（3）高频化。

（4）高效率化。

（5）变换器小型化。

（6）绿色化。

（7）改善和提高供电网的供电质量。

（8）电力电子器件的容量和性能的优化。

（9）模块化。

（10）数字化。

8.2 电气传动技术

生产过程自动化大致可以分为两类：一类是以电动机为执行机构，控制生产机械运动的系统，称为电气传动；另一类则是以自动化仪表为执行机构控制连续变化量的生产运动过程，称为仪表自动化。电气传动是电气传动自动化的简称，它主要控制机械运动参量，如位置、速度、加速度、力和力矩等；仪表自动化则主要控制压力、温度、水位、流量等物理量。在实际生产中，这两类控制经常相互交叉、相互支持使用。在生产中，也有部分生产机械采用气动或液压拖动，但由于电力拖动具有许多突出的优点，所以大多数生产机械都采用电力拖动。

电气传动系统主要由电动机、控制装置和被拖动的生产机械所组成，其主要特点是：① 功率范围极大；② 调速范围极宽；③ 适用范围极广，可适用于任何工作环境和各种各样的负载。

一、电气传动技术的分类与特点

电气传动系统又称为运动控制系统，其种类繁多，用途各异，一般可将它分为以转速为被控参数的调速系统和以直线位移或角位移为被控参数的位置随动系统。如果带动工作机械的原动机是直流电动机，则称为直流电气传动；如果带动工作机械的原动机是交流电动机，则称为交流电气传动。从控制的角度，电气传动系统又可以分为两类，即断续控制系统和连续控制系统。

从调速方面来看，电气传动可细分为不调速和调速两大类。

直流电气传动具有良好的调速性能和转矩控制性能，在工业生产中应用较早并沿用至今。早期直流电气传动采用有接点控制，通过开关设备切换直流电动机电枢或磁场回路电阻实现有级调速。1930 年以后出现电机放大器控制，后来又出现了磁放大器控制和汞弧整流器控制等，实现了直流电气传动的无接点控制。其特点是利用了直流电动机的转速和输入电压有着简单的比例关系的原理，通过调节直流发电机的励磁电流或汞弧整流器的触发相位来获得可变的直流调速系统，如今已不再使用。1957 年晶闸管问世后，采用晶闸管相控装置的可变直流电源一直在直流电气传动中占主导地位。电力电子技术与器件的发展和晶闸管系统所具有良好的动态性能，使直流调速系统的快速性、可靠性和经济性不断提高，在 20 世纪相当长的一段时间内成为调速传动的主流。今天正在逐步推广应用的微机控制的全数字直流调速系统具有高精度、宽范围的调速控制特点，代表着直流电气传动的发展方向。直流电气传动之所以经历多年仍在工业生产中应用广泛，主要是因为它能以简单的手段获得较高的性能指标。

与直流电动机相比，交流电动机有结构简单的优点，特别是鼠笼式异步电动机，因结构简单、运行可靠、价格低廉、维修方便，应用面很广。几乎所有不调速传动都采用交流电动机。尽管从 1930 年开始，人们就致力于交流调速的研究，然而研究主要局限于利用开关设备来切换主回路，达到控制电动机启动、制动和有级调速的目的。例如，启动机变极对数调速、电抗或自耦降压启动和绕线式异步电动机转子回路串电阻的有级调速。交流调速进展缓慢的主要原因在于决定电动机转速调节主要因素的交流电源频率的改变和电动机转矩的控制都是极为困难的，因此，交流调速的稳定性、可靠性、经济性和效率均无法满足生产要求。后来发展起来的调压调频控制只控制了电机的气隙磁通，而不能调节转矩；转差频率控制能够在一定程度上控制电动机的转矩，但它是以电动机的稳态方程为基础设计的，并不能真正控制动态过程中的转矩。随着电力电子技术的控制策略不断发展，交流电动机的控制方式也得到迅速发展。具有高性能的交流驱动系统已研制成功，它在许多应用场合已经取代直流电动机。交流电气传动的一些控制策略已经得到成熟应用。例如，转速开环恒压频率控制，基于稳态模型的转速闭环转差频率控制，基于动态模型按转子磁通定向的矢量控制，基于动态模型保持定子磁通恒定的直接转矩控制，传感器高动态性能控制等。控制策略包括非线性控制、自适应控制、滑模变结构控制和智能控制等。

电气传动和自动控制关系十分密切，调速传动的控制装置主要是各种电力电子变流器，它为电动机提供可控制的直流或交流电流，是弱电控制强电的媒介。21 世纪预计将进入电力电子智能化的时代，其特点是电力电子器件进一步采用微电子集成电路技术，实现电力电子器件和装置的智能化。电力电子技术的进步有力地推动了电气传动调速系统的发展。随着自动化程度的不断提高，电气传动将成为更经济地使用材料、资源，提高劳动生产率的强有力手段，成为促进国民经济不断增长的重要技术基础。

电气传动系统的构成如图 8-3 所示，它主要具有以下优点。

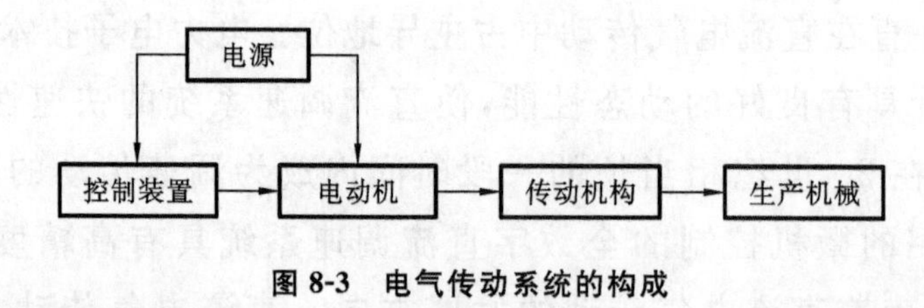

图 8-3 电气传动系统的构成

(1) 适用功率范围极宽。

(2) 具有宽广的转速范围。

(3) 电动机的种类繁多。

(4) 可以获得良好的动态特性和极高的稳速精度，定位精确。

(5) 可实现四象限运行而不需要专门的可逆齿轮装置。

(6) 电动机空载损耗小、效率高，通常具有相当大的短时过载能力。

二、电气传动技术的发展历程

自从19世纪末电动机逐渐代替蒸汽机后，开始形成成组拖动，即由一个电动机拖动主轴，再经过皮带分别拖动许多生产机械。这种拖动方式能量损失大，效率低，无法进行电动机的调速，不便实现自动控制，也不安全。20世纪20年代开始采用单机拖动，即由一台电动机拖动一台生产机械，减少了中间传动机构，提高了效率，可利用电动机的调速来满足生产机械的需要。在这个阶段，电气传动主要研究的是单台电动机的自动控制。随着生产的发展和产品质量要求的提高，一台机器上有很多运行机构，如果仍用一台电动机来拖动，传动机构就会很复杂。20世纪30年代开始采用多电动机拖动，用单独电动机分别拖动复杂机械的各个工作机构，每个电动机都有自己独立的控制系统，这些子系统必须相互协调、配合，服从总体的控制要求。这是传功效率视角下的电力传动的演变过程。从控制设备角度来看，电气传动由有触点的继电器控制发展到无触点的半导体器件控制，进而采用数字控制和计算机控制。从控制理论角度看，它由开环控制发展到闭环反馈控制，控制性能有很大的提高。

现代电力电子技术的发展结合现代控制技术、计算机技术共同促进了电气传动技术的不断进步，而且随着新颖的电力电子器件、超大规模集成电路、新的传感器的不断出现，以及现代控制理论、计算机辅助设计技术、自诊断技术和数据通信技术的深入发展，电气传动正以日新月异的速度发展。

电气传动系统是电力电子技术的主要应用领域之一。各类电动机是电气传动系统的执行部件。为了便于控制，在常规的恒压交流电源与电动机之间需配备电源变换装置。

将微处理器引入控制系统，促进了模拟控制系统向数字控制系统的方向转化。从8位的单片机到16位的单片机，到16位的数字信号处理器，到32位的数字信号处理器，到32的精简指令集计算机，再到64的精简指令集计算机，位数增多，运行速度加快，控制能力增强。数字化技术使复杂的电机控制技术得以实现，简化了硬件，降低了成本，提高了控制精度，拓宽了交流传动的应用领域。这主要表现在节能调速技术的发展，从根本上改变了风机、水泵等传动系统过去因交流电动机不调速而依赖挡板和阀门来调节流量的状况。这类传动系统几乎占工业电气传动系统总量的一半，采用交流调速后，每台风机、水泵可节能20%，其经济效益相当可观。另外，对特大容量、极高转速负载的拖动，交流弥补了直流调速的不足。可以预见,高性能交流调速系统必将取代直流传动系统,成为电气传动领域的主要力量。

思考与练习

8.1　电力电子技术有哪几个主要的组成部分?它们各有哪些重要作用?

8.2　电力电子技术发展的特点是什么?

8.3　你认为电力电子技术发展的关键是什么?

8.4　电气传动技术有哪些重要作用?

第9章

电力通信技术

DIANQIXINXI
ZHUANYEDAOLUN

9.1　通信系统的组成

信息有许多不同的形式，例如文字、语言、符号、音乐、数据、图片、活动图像等。根据所传递的信息的形式的不同，目前的通信业务可分为电报、电话、传真、数据传输及可视电话等。站在广义的角度，可以将广播、电视、雷达、导航、遥测遥控等信息传输的方式列入通信的范畴。

通信系统的一般模型如图 9-1 所示。信源即信息源，也称发送端，其作用是把待传输的消息转换成原始电信号。为了将信源和信道匹配起来，将信源产生的原始电信号即基带信号，转换为适合在信道中传输的信号，这就需要接入发送设备。信道是指传输信号的通道，它既可以是有线的，也可以是无线的，甚至还可以包含某些设备。在接收端，接收设备的作用和发送设备刚好相反，任务是从带有干扰的接收信号中恢复出相应的原始电信号来。信宿也称为收信者，用于将复原的原始电信号转换成相应的信息。

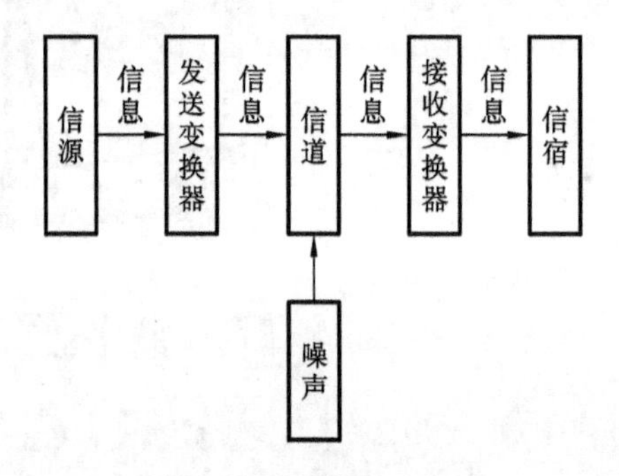

图 9-1　通信系统的一般模型

9.2　通信技术的发展

19 世纪 30 年代，莫尔斯发明了电报。他利用由点、划、空格组成的代码来表示字母和数字，进行信息的传输。

19 世纪 70 年代，贝尔发明了电话。电话直接将声音信号转变为沿导线传送的电信号。

19 世纪末，人们又致力于研究利用能够以电磁波形式在空间传输的无线电信号来传送信息，即所谓的无线电通信。1895 年，意大利的吉列尔莫 · 马可尼首次利用电磁波实现了无线电通信，开辟了无线电技术的新领域。随着各类电子器件的出现，无线电通信技术迅猛发展，继而出现了无线电广播、传真和电视。

在20世纪30年代中期以前，无线电通信已完成了利用电磁波来传递电码、声音和图像的任务。也就是在这个时期，A. H. 里夫斯(A. H. Reeves)提出了脉冲数字编码调制(PCM)数字通信方式。20世纪40年代末，美国制造出了第一台实验用PCM多路通信设备，首次实现了数字通信，至此通信技术有了新的飞跃。

随着社会的发展和科学技术的进步，各种技术之间相互渗透、相互利用，相继出现了综合业务数字网(ISDN)、多媒体通信技术(MMT)、综合移动卫星通信(M-SAT)、个人通信网和智能通信网(IN或AIN)等。特别是多媒体通信，它以通信技术、广播电视技术、计算机技术为基础，突破了计算机、电话、电视等传统产业的界限，将计算机的相互性、通信网的分布性和电视广播的真实性融为一体，向人们提供了综合的消息服务，成为一种新型的、智能化的通信方式。

21世纪的社会是信息化社会，信息技术和信息产业是新的生产力增长点之一，因此在信息技术中，全球信息高速公路将会成为高度信息化社会的一项基本设施。国际信息基础工程计划，即俗称的信息高速公路工程，目前正在世界不少国家和地区部署和实施。信息高速公路是以光缆为“路”，以集计算机、电视、录像、电话为一体的多媒体为载体，向大学、研究机构、企业及普通家庭实时提供所需的数据、图像、声音等多种服务的全国性高速信息网络，是多门学科的综合。从技术角度来讲，信息高速公路工程涉及计算机科学技术、光纤通信技术、数字通信技术、个人通信技术、信号处理技术、光电子技术、半导体技术、大容量存储技术、网络技术、信息安全技术等信息技术，是一项规模巨大、意义重大的工程。因此，各发达国家投入大量的人力、物力，积极研究、实验、实施这项计划，但目前还有许多关键技术及社会问题尚待解决。

一、电话的发展

电报的发明拉开了电信时代的序幕，引起了通信方式的彻底变革，并且开创了人类利用电来传递信息的历史。电报传送的是符号。要发送一份电报，得先将报文译成电码，再用电报机发送出去；在收报一方，则要经过相反的过程，即将收到的电码译成报文，然后送到收报人的手里。因此，人们开始探索一种能直接传送人类声音的通信方式，这就是现在家喻户晓的电话。

在1796年，休斯提出了用话筒接力传送语音信息的办法。虽然这种方法不太切合实际，但他给这种通信方式起的名字——telephone(电话)一直沿用至今。

1861年，德国一名教师发明了最原始的电话机，该电话机是利用声波原理而发明的，可实现短距离互相通话。

1876年3月7日，贝尔获得了电话发明专利。1877年，即在贝尔发明电话后的第二年，在相距几百公里的波士顿和纽约之间架设的第一条电话线路开通了，并对其进行了首次长途电话实验，获得了成功。

电话传入我国是在1881年，英籍电气技师皮晓浦在上海十六铺沿街安装了露天电话，付36文制钱可通话一次，这是中国的第一部电话。1882年2月，丹麦大北电报公司在上海外滩扬于天路办起我国第一个电话局，用户25家。1889年，安徽省安庆州候补知州彭名保，自行设计了一部电话，它含有自制的五六十种零件，是我国第一部自行设计制造的电话。

1956年，在英国和加拿大之间的大西洋海底铺设完成了电话电缆，使远距离的电话通信成为现实；1962年，美国研究成功了用于电话的多路化通信的脉码调制设备；1965年，第一部由计算机控制的程控电话交换机在美国问世，标志着一个电话新时代的开始；1969年，美国国防部高级研究计划局(ARPA)提出了研制ARPA网的计划，ARPA网于当年建成并投入运行，改变了传统的专用信道的传输方式，标志着计算机通信的发展进入了一个崭新的纪元；1970年，世界上第一部程控数字交换机在法国巴黎问世，标志着数字电话的全面实用和数字通信新时代的到来。

进入20世纪90年代，随着数字技术和互联网技术的成熟，新的电话通信手段出现，其中IP电话是最具代表性的技术，它提高了通话容量，并大幅度降低了通话费用，使电话通信进入了一个崭新的时代。

目前，国际上许多大的电信公司推出了普通电话与普通电话之间的IP电话，普通电话客户通过本地电话拨号上本地的互联网电话的网关(gateway)，利用网关通过Internet网络进行连接，远端的Internet网关通过当地的电话网呼叫被叫用户，从而完成普通电话客户之间的电话通信。IP电话是目前发展得较快且较有商用化前途的电话。

二、微波通信的发展

从无线电频谱的划分看，频率为0.3～300千兆赫兹的射频称为微波频率。

微波通信(microwave communication)就是使用波长在1毫米与1米之间的电磁波——微波进行的通信。微波通信不需要固体介质,当两点间直线距离内无障碍时就可以使用微波通信。

微波通信是20世纪50年代的产物。微波通信由于具有容量大、投资费用省(约占电缆投资的五分之一)、建设速度快、抗灾能力强等优点而获得迅速的发展。20世纪40年代到50年代产生了传输频带较宽、性能较稳定的微波通信,它成为长距离、大容量地面干线无线传输的主要手段,模拟调频传输容量高达2 700路,也可同时传输高质量的彩色电视信号。而后微波通信逐步进入中容量乃至大容量数字微波传输阶段。20世纪80年代中期以来,随着频率选择性色散衰落对数字微波传输中断影响的发现及一系列自适应衰落对抗技术和高状态调制与检测技术的发展,数字微波传输发生了一个革命性的变化。特别应该指出的是,20世纪80年代至90年代发展起来的一整套高速多状态的自适应编码调制解调技术及信号处理与信号检测技术的迅速发展,对现今的卫星通信、移动通信、全数字HDTV传输、通用高速有线/无线的接入,乃至高质量的磁性记录等诸多领域的信号设计和信号的处理应用,起到了重要的作用。

微波通信频带宽、容量大,可以用于各种电信业务的传送,如电话、电报、数据、传真和彩色电视等均可通过微波电路通信。微波通信具有良好的抗灾性能,对于水灾、风灾和地震等自然灾害,微波通信一般都不受影响。但微波经空中传送,易受干扰,在同一微波电路上不能在同一方向使用相同频率,因此微波电路必须在无线电管理部门的严格管理之下进行建设。此外,由于微波直线传播的特性,在电波波束方向上,不能有高楼阻挡,因此城市规划部门要考虑城市空间微波通道的规划。

微波通信系统示意图如图9-2所示。

三、移动通信的发展

通信技术的另一个亮点是移动通信。移动通信,简单地说就是移动体之间的通信,或移动体与固定体之间的通信。移动体既可以是人,也可以是汽车、火车、轮船、收音机等处于移动状态中的物体。

可以这样说,移动通信从无线电通信发明之日就产生了。现代移动通信技术的发展始于20世纪20年代,大致经历了以下五个发展阶段。

第一阶段是从20世纪20年代至40年代初期,为早期发展阶段。在这期间,

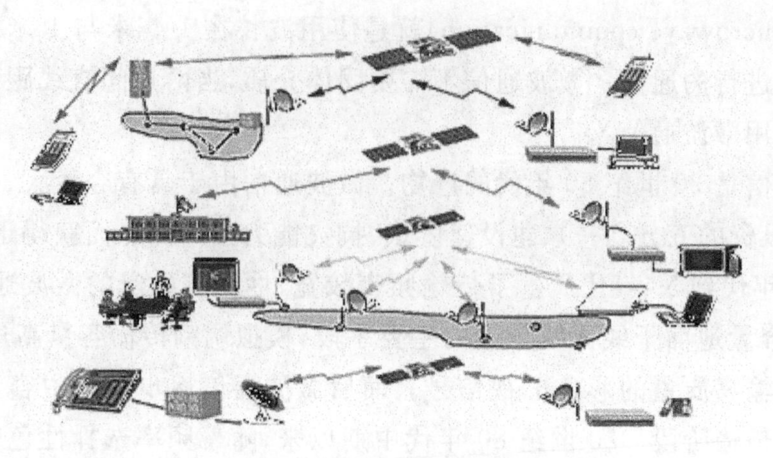

图 9-2 微波通信系统示意图

首先在短波几个频段上开发出专用移动通信系统，其代表是美国底特律市警察使用的车载无线电系统。该系统工作频率为 2 兆赫兹，到 20 世纪 40 年代初期提高到 30～40 兆赫兹。可以认为这个阶段是现代移动通信的起步阶段，其特点是使用专用系统开发，工作频率较低，使用范围狭小，主要用于船舶、飞机汽车等专用移动通信及相关的军事通信，使用频段主要是短波段，通信设备体积庞大、笨重，而且通信效果很差。

第二阶段是从 20 世纪 40 年代中期至 60 年代初期。在这期间，移动通信有了进一步的发展，公用移动通信业务问世。1946 年，根据美国联邦通信委员会(FCC)的计划，利用贝尔系统在圣路易斯城建立了世界上第一个公用汽车电话网，称为“城市系统”。这一阶段的特点是从专用移动网向公用移动网过渡，接续方式为人工，网的容量较小。

第三阶段是从 20 世纪 60 年代中期至 70 年代中期。首先，由于 20 世纪 60 年代晶体管的出现，移动通信开始快速地向小型化、便捷化和个人化方向发展。在这一阶段，在频段的使用上，主要使用 VHF(甚高频)频段的 150 兆赫兹频段和后来的 400 兆赫兹频段。这一阶段是移动通信系统改进与完善的阶段，其特点是采用大区制、中小容量，使用 450 兆赫兹频段，实现了自动选频与自动接续。

第四阶段从 20 世纪 70 年代中期至 80 年代中期，这是移动通信蓬勃发展时期。由于集成电路技术、微型计算机和微处理器的快速发展，以及由美国贝尔实验室推出的蜂窝系统的概念和理论在实际中的应用，美国、日本等国家纷纷研制出陆地移动电话系统，从而使得移动通信真正进入了个人领域。这一阶段的系统的技术主要是模拟调频、频分多址，它以模拟方式工作，使用频段为 800/900 兆赫兹(早期曾使用 450 兆赫兹)频段，被称为蜂窝式模拟移动通信系统或第一代移动通信系统。进入 80 年代,移动通信已经进入成熟阶段,但仍存在着保密性差等缺点。

第五阶段从 20 世纪 80 年代中期至今。这是数字移动通信系统发展和成熟时期。

20 世纪 90 年代以来,移动通信飞速发展,到 2002 年底全球移动用户数超过了固定用户数。移动通信的下一步是走向容量更大、速率更高、功能更强的 5G。

四、光纤通信的发展

光纤的发明引起了通信技术的一场革命,光纤是构成信息社会的一大要素。

光纤通信在我国的发展经历了一系列的波折。1973 年,世界光纤通信尚未实用。武汉邮电科学研究院(当时的武汉邮电学院)就开始研究光纤通信。武汉邮电科学研究院采用了石英光纤、半导体激光器和编码制式通信机正确的技术路线,使我国在发展光纤通信技术上少走了不少弯路,从而使我国光纤通信在高新技术领域与发达国家有较小的差距。

1978 年改革开放后,光纤通信的研发工作步伐大大加快。在 20 世纪 80 年代中期,数字光纤通信的速率已达到 144 兆比特/秒,传输容量为 1 980 路,超过同轴电缆载波。于是,光纤通信作为主流被大量采用,在传输干线上全面取代电缆。现在,光纤通信已成为我国通信的主要手段。

光纤通信系统的结构图如图 9-3 所示。

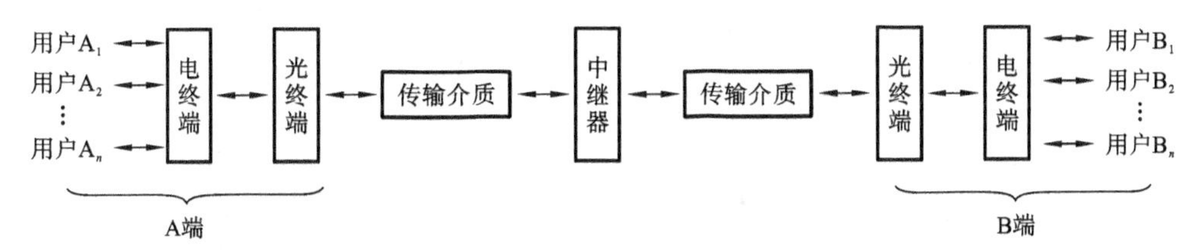

图 9-3　光纤通信系统的结构图

五、卫星通信的发展

在卫星通信方面,从 1945 年克拉克提出三颗与地球同步的卫星可覆盖全球的设想到卫星通信真正成为现实经历了 20 年左右的时间。先是诸多低轨卫星的试验,1957 年 10 月 4 日苏联成功发射了世界上第一颗距地球高度约 1 600 千米的人造地球卫星,实现了对地球的通信,这是卫星通信历史上的一个重要里程碑;

1961 年，J. F. Kennedy 提出了利用卫星开展商用通信业务的概念。1962 年，在最初的通信卫星条例基础上，建立了美国通信卫星公司（COMSAT，Communications Satellite Consortium）；1964 年 3 月，COMSAT 与休斯航空公司签订建造两颗自旋稳定卫星的合同。在 1964 年成立的国际通信卫星组织（INTELSAT，International Telecommunications Satellite Consortium）中，COMSAT 占有 50%以上的股份。1965 年 4 月 6 日发射的晨鸟(Early Bird)号静止卫星标志着卫星通信真正进入了实际商用阶段，晨鸟号静止卫星被纳入世界上最大的商业卫星组织 INTELSAT 的第一代卫星系统 IS-Ⅰ。GEO 商用卫星通信以 INTELSAT 卫星系统为典型。

从卫星通信系统技术体制方面来看，它经历了从初期的模拟(调频)通信到数字通信的过程；支持的业务也从初期的窄带话音、电视转播，到目前的“直接到户”DTH(用于电视、数据广播接收)、直接个人系统 direct PC(提供 Internet 业务)、移动通信业务和宽带综合业务；频段方面已从最初的 C 波段发展到 Ku、Ka 波段。除 INTELSAT、国际海事卫星组织(INMARSAT，International Maritime Satellite Organization，已更名为国际移动卫星组织)、美国的 PanAmSat 等的全球通信系统外，还有如欧洲、北美(美国、加拿大)、南美(巴西)、中国、印度尼西亚、澳大利亚、中东和日本等许多地区或国家拥有的区域性卫星通信系统。

通信卫星如图 9-4 所示，卫星通信网络图如图 9-5 所示。

图 9-4　通信卫星

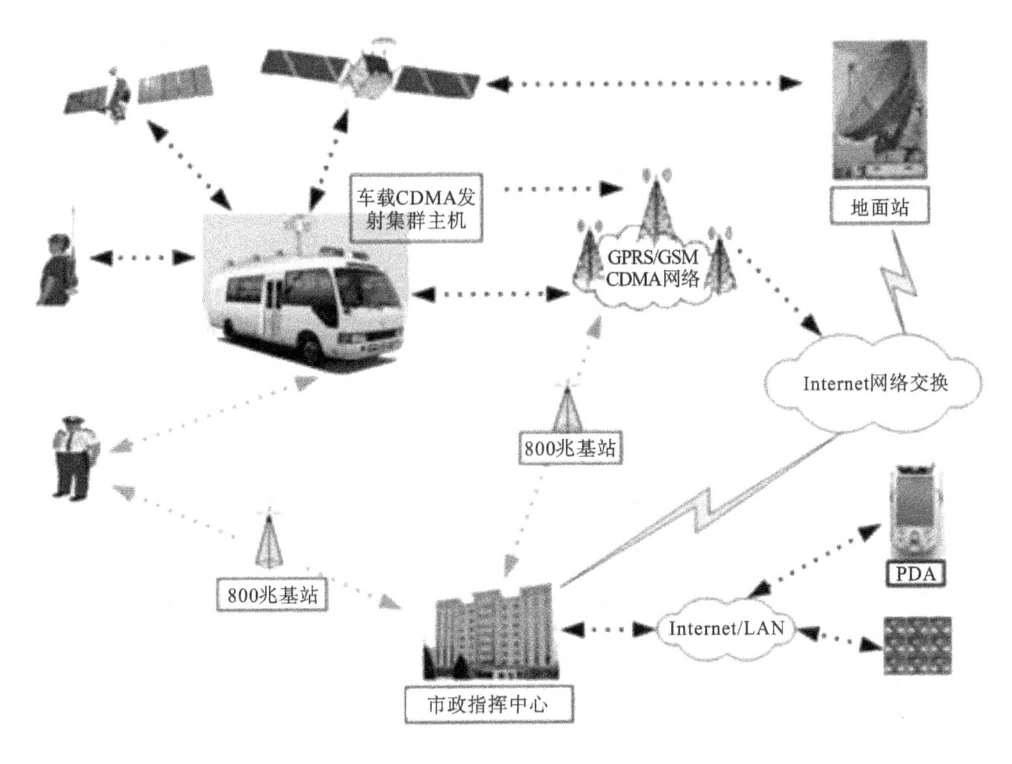

图9-5　卫星通信网络图

9.3　通信领域的新技术

一、蓝牙技术

随着通信网络的发展，通信电缆的应用范围不断拓宽，不但办公室中电缆无处不在，家用设备的发展也使居室成了电缆的世界。电缆成为现代通信中的缺憾。为了消除电缆带来的诸多不便，同时以较低成本实现各设备间的无线通信，一种新的技术——蓝牙技术(bluetooth)应运而生。蓝牙图标如图9-6所示。

蓝牙技术是以近距离无线连接为基础的一种无线数据与数字通信的开放性全球规范，具有低成本、微功率等优点。蓝牙技术于1988年被报道后，得到全球各界的广泛关注。该技术的实质内容是要建立通用的无线空中接口及其控制软件的公开标准，使移动通信与计算机网络进一步结合，人们能随时随地进行数据信息的交流与传输。蓝牙技术应用于信息家电、计算机、交通、医疗、移动通信、嵌入式应用开发等中，促进了现代通信技术的发展，被认为是无线数据通。蓝牙技

图 9-6 蓝牙图标

术是通信领域的重大进展之一，对未来无线移动通信、无线数据通信业务产生巨大的促进作用。

蓝牙规则的制定已经成为很多组织、企业和政府机构争夺的焦点。为了应对激烈的国际竞争，2003 年 7 月 10 日，我国的闪联标准工作组在信息产业部的支持下成立，简称闪联。2005 年 5 月，在中关村管委会的支持下，闪联信息产业协会成立，成为闪联联盟中立的法人实体。信息设备资源共享协同服务标准（intelligent grouping and resource sharing，简称 IGRS 标准）是新一代网络信息设备的交换技术和接口规范，在通信及内容安全机制的保证下，支持各种 3C（computer，consumer electronics，communication devices）设备智能互联、资源共享和协同服务。

作为一个新兴事物，蓝牙技术在应用方面还存在许多不足之处，如成本过高、有效距离短及速度和安全性能也不令人满意等。但毫无疑问，蓝牙技术已成为近年应用最快的无线通信技术，其席卷全球之势不可阻挡，它必将在不久的将来渗透到我们生活的各个方面，我们有理由相信蓝牙技术的明天会更好。

二、纳米技术

纳米技术是一门在 0.1～100 纳米尺度空间内，对电子、原子和分子的运动规律和特性进行研究并加以应用的高技术学科，其目标是用单原子、分子制造具有特定功能的产品。纳米技术自问世以来在各个领域都得到了广泛的发展。

纳米技术的发展，使微电子和光电子的结合更加紧密，在光电信息传输、存储、处理、运算和显示等方面，使光电器件的性能显著提高。将纳米技术用于雷达信息处理上，可使雷达的能力提高 10 倍至几百倍，甚至可以将超高分辨率纳米孔径雷达放到卫星上进行高精度的对地侦察。但是要获取高分辨率图像，就必须有先进的数字信息处理技术。科学家们发现，将光调制器和光探测器结合在一起的量子阱自电光效应器件(QWSEED)为实现光学高速数学运算提供可能。

基于此，国外纳米光电子器件已经开发出了诸如纳米发光二极管、纳米级量子光电元件、纳米孔径激光器等纳米器件和设备。在1999年12月，日本研究人员更是研制出一种仅有一个分子粗细的导电纤维。它的直径仅3 nm，中心部分是具有良好导电性的丁二炔链，四周包覆着糖的衍生物，用以做绝缘层，防止漏电。这种纳米级“电线”可以应用在超小型的电子元器件和微型机械上。

作为运用纳米技术制造的第一个通信产品——具有小于波长的微细结构的光通信元件(SOEs，subwavelength optical elements)已经问世，它通过采用远小于光波长的结构，实现了此前所不具备的光的相互作用。结构细微得仅数百纳米的光学元件可以在极小的空间中实现反射、折射及衍射等光学现象。如果使用光通信元件，可以通过远小于原有产品的元件，获得超过原有产品的光学效果，同时还能够减少所需元件的数目。

时任贝尔实验室(Bell Laboratories)总裁的Jeff Jaffe曾在一个会议上做主题演讲时预测，纳米科学将使泛在通信(ubiquitous communications)成为像电视和电话一样改变世界的技术。Jeff表示，裂变性(disruptive)技术与变革性(transformational)技术之间存在区别。他举例说，液晶显示器(LCD)和锂离子电池等是分裂性技术，而飞机、电话和电视就是变革性技术。“就这个意义而言，我认为纳米技术将深刻影响我们所能想到的每个产业。”他说道。

三、紫外光通信系统的研究

紫外光是指波长在10～390纳米范围内的光波，是光谱中波长最短的部分。自然界里的紫外光主要是由太阳辐射出来的，又称为紫外线。在253.7纳米波长上，紫外光光源发射的能量相对较大，大气层滤掉了太阳辐射的背景干扰，所以适合用来进行通信。

在紫外光通信中，大都选择中心波长为253.7纳米、带宽为10纳米的紫外光来作为载波，发送端将有用信号调制到此载波上，或用有用信号控制载波发射能量的大小，接收端对接收的紫外光进行解调，分离出有用信号。

紫外光通信通过光的散射进行信号的传递，一般通信距离为2～10公里。由于紫外光散射能量随距离的增大呈指数衰减，所以在超过设计的通信距离后，紫外光信号能量随距离的增大急剧减小，很难探测到光信号。另外，紫外光从发射机到接收机是通过散射手段完成的，对发射机的定位相当困难。

同样，在较远距离上要干扰强紫外光散射几乎是不可能的。紫外光发射机发射的紫外光射到接收机天线视野相交的大气空间，绝大部分紫外光通过大气层的微小颗粒散射到接收机天线的视野区，并被接收天线接收。由于信号能量与距离的关系，需要有超大功率的干扰发射机才能对较远距离的紫外光通信进行干扰，这在应用上是不现实的。

与其他上百瓦甚至数十千瓦的大功率无线通信系统相比，紫外光通信系统的几瓦到几十瓦的功率是其应用的强大优势；相应地，紫外光通信系统也有体积小、轻便灵活的优点。

紫外光通信系统辐射的功率小，中心波长受太阳背景干扰小，抗截获、抗干扰能力强，隐蔽性好。这也是紫外光通信的主要特点。

四、同温层通信系统

同温层（见图 9-7），亦称平流层，是地球大气层里上热下冷的一层。此层被分成不同的温度层，中高温层置于顶部，而低温层置于底部。它与位于其下、贴近地表的对流层刚好相反，对流层上冷下热。

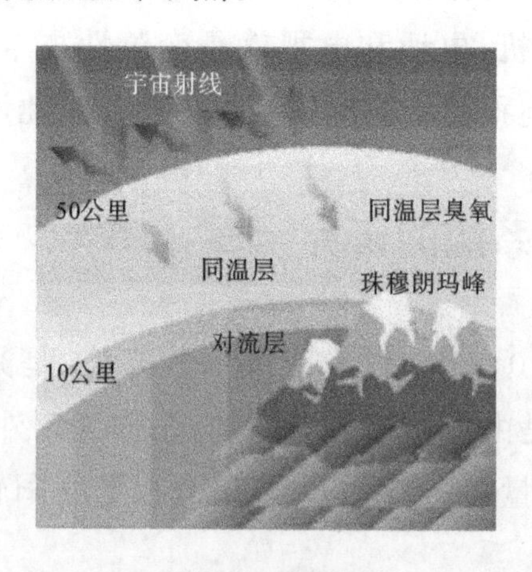

图 9-7　同温层

人类对于平流层的应用是多方面的，其中，平流层空间使用准静止的长驻空飞艇作为高空信息平台，它与地面控制设备、信息接口设备和各种类型的无线用户终端构成的天地空一体化综合信息系统产生平流层。与通信卫星相比，它往返延迟短，自由空间衰耗少，有利于实现通信终端的小型化、宽带化和对称双工的无线接入。与地面蜂窝系统相比，平流层通信平台的作用距离远、覆盖地区大，信道衰落小，因而发射功率可以显著降低。采用平流层通信平台，不但大大降低了建设地面信息基础设施的费用，而且降低了对基站周围的辐射污染。

同温层通信平台较为关键的问题是气球或飞艇的结构设计，以及如何保持在同温层中的空间位置稳定不变。同温层中，空气密度更低，只有海平面上空气密度的 5%左右，因而平均风速仅为 10 米/秒，最大风速为 40 米/秒。飞艇（或气球）的参数为：最大直径 50 米，长度 150 米，容积 17 万立方米，自重 5 628 千克，载重 4 912 千克。即使处于同温层这种优越的环境中，要保持其位置稳定，仍需要一定的推动力。人们曾做过不少实验，认为利用电晕离子发动机（corona ion engine）有一定效能，可使飞艇（或气球）的位置保持相对稳定，任意方向的漂移不会大于 40 米。另一问题是怎样提供能源。据计算，电晕离子发动机在平均风速下需要的功率为 10 千瓦，在最大风速下需要的功率为 160 千瓦。太阳能电池可提供能源，其设备装置质量约 800 千克，另外还需要夜间发电装置和燃料储备。

9.4　电力通信网

一、电力通信网的定义和价值

电力通信的一般定义是：利用有线电、无线电、光或其他电磁系统，对电力系统运行、经营和管理等活动中需要的各种符号、信号、文字、图像、声音或任何性质的信息进行传输与交换，满足电力系统要求的专用通信。按照上述定义，电力系统通信即为电力专用通信。按通信区域范围不同，电力专用通信分为系统通信和厂站通信两大类。系统通信又称站间通信，主要提供发电厂、变电所、调度所、公司本部等单位相互之间的通信连接，满足生产和管理等方面的通信要求。厂站通信又称站内通信，其范围为发电厂或变电站内，与系统通信之间有互联接口，其主要任务是满足厂（站）内部生产活动的各种通信需要，对抗干扰能力、通信覆盖能力、通信系统可靠性等也有一些特殊的要求。狭义的电力系统通信仅指系统通信，不包括厂站通信。广义的电力系统通信则包括系统通信和厂站通信。为避免混淆，通常把广义的电力系统通信称为电力通信，其不仅包括系统通信和厂站通信这两类专用通信，也泛指利用电力系统的通信资源提供的各种通信。如果不涉及社会公众电信市场，电力通信与电力系统通信、电力专一用通信同义。

电力通信网是一种专业的通信网，由发电厂及变电所等各级电力部门相互连接的传输系统和设在这些部门的交换系统或终端设备构成，是电网的重要组成部分，受电网的结构、运行管理模式、经济性等因素影响。

电力系统通信网是伴随着电力系统的发展、对通信要求的不断提高而建立的独立的通信系统，是确保电力系统稳定运行的保证。目前电力系统的安全稳定运行取决于电力通信网系统、安全稳定控制系统、调度自动化系统这三个重要的环节。其中电力通信网衔接了各个电力网络和系统，是各个网络和系统之间相互沟通和交流的纽带，显得尤为重要。

电力通信网是电力系统的重要基础设施，它为电力系统的稳定运行提供了保障，同时电力通信网的发展也实现了电网调度自动化，实现了电力系统现代化、高效化的监控和管理。

21 世纪，Internet 互联了全球的各个角落，电信事业高速发展，网宽不断变大，覆盖的范围不断增加，面对这样一个大环境，有很多人会问，我们为什么还要建立这样一条独立的电力通信网呢？

电力系统的特殊性决定了其通信网络应具有高度的可靠性，使保护控制信息在第一时间以最快的速度传递到控制终端，以便工作人员与控制系统及时做出决策，应对出现的问题和可能存在的隐患。所以，世界上很多的大型的电力公司都有属于自己的电力通信网。

电力通信网的价值体现在它是电力运行的纽带上。从发电、送电、变电到配电，电力通信网为每一个环节的转换和运行提供了实时的数据支持。由于电力系统的特殊性，电力的产生、输送、分配和消费是在同一瞬间完成的。所以电网调度系统要在极短的时间内保证电能的质量、保持频率、电压、波形合格，同时要对事故进行预处理，对于紧急事务迅速有序地找到故障点，排除故障。电力通信网正是为电网调度自动化的实现提供保障性的服务。一个高效率、可靠的电力通信网是保证电网安全稳定运行、为客户提供稳定可靠的电力供应的基础。

现在的电力通信的业务主要分为两大类，即关键运行业务和事务管理业务。关键运行业务包括继电保护信号的传送、远动信号的传送、数据采集系统的运行、电网调度系统的运行等，事务管理业务包括视频电话、管理信息和文件的传送、在线会议等。关键运行业务所要求的信息流量不大，但是对精确性和数据传输的实时性要求严格；事务管理业务对实时性的要求相对较低，但是要求信带的信息流量很大。

由于电力系统本身的资源优势，电力通信网的发展是伴随着电力系统的发展而逐步扩大的。诸如 American Electrical Power（AEP）、Tokyo Electric Power（TEP）这样的国际大公司，其电力通信网都是随着供电地区的延伸而不断发展的。而随着科技的不断发展，越来越多的技术支持利用和改造现有的供电网络，来传递数据实现通信。2000 年 12 月，AEP 证实，通过利用现有的 AEP 的电力传输塔可以取代建立一个新的高 225 米的通信塔。这些技术的不断创新必将给我们带来一个更加优化的电力通信网络，使我们的电力通信网覆盖到电网的每一点上。

一般来说，电力通信的主要作用如下。

（1）传送电力系统远动、保护、负荷控制、调度自动化等运行、控制信息，保障电网的安全、经济运行。

（2）传输各种生产指挥和企业管理信息，为电力系统的现代化提供高速率、高可靠的信息传输网络。

二、电力通信的几种主要方式

由于涉及从发电、送电、变电到配电的一系列环节，电力通信网在网络覆盖面、传输速度、带宽、户外环境、传输介质的电磁兼容等方面，都有其特殊的要求。所以，采用的相关传输方式都应该满足电力通信的特点。经过多年的探索和实践，现在世界上主要应用的电力通信的方式有微波通信、电力线载波通信、无线通信、光纤通信。此外，电力系统中还应用着明线电话、音频电缆及新兴的扩频通信等通信传输方式。

三、电力通信网的特点

电力系统的特殊性突出表现在电力生产的不容许间断性、事故出现的快速性及电力对国民经济影响的严重性上。电力生产是连续的，发电机一旦启动，就将在相当长的时间内日夜运转，将电能经电网送出；电力系统事故，特别是输电线路的故障，往往在瞬间发生，并且不可预知；一旦因事故中断供电，供电区域将陷入瘫痪，给国民经济和社会生活带来严重的影响。正因为如此，电力系统总是把安全生产放在第一位。

为了保证电力系统安全运行，就需要有一个有效、可靠的控制系统，以及时发现系统故障,并迅速采取相关的应急措施。而电力系统覆盖面积辽阔,必须借助于快速、可靠的通信网络才能准确、及时地传送这些控制信息。由此可见,电力通信具有以下特点。

(1) 稳定性。

(2) 实时性。

(3) 复杂性。

(4) 广泛性。

(5) 连续性。

(6) 自动化程度高。

(7) 信息量较少。

9.5 我国电力通信的现状

我国电力通信网经过几十年的努力,已经建设得颇具规模,通过卫星通信、微波通信、电力线载波通信、光纤通信等手段,建成了一个覆盖全国的立体交叉通信网络。尽管有着辉煌的成就,但是,我国电力系统通信网仍然存在着诸多的问题。

(1) 电力通信网结构比较薄弱,可扩展能力差。

目前电力通信主干网采用树形和星形结构,拓扑结构相对简单,没有形成良好的纵向保护,一旦通路中一个环节出现问题,不能用其他通信线路分担故障线路的通信负荷,同时现有的网络结构和设备可扩展能力差。以上海电力通信网为例,早期的SDH光端设备只提供TDM的业务,不支持数据业务的传送,同时网络拓扑结构又不能支持其他通信网络,存在着网络结构上的问题。

(2) 电力通信网带宽偏小,传输容量偏小。

过去通信网内主干电路传输容量一般为34 Mbit/s,在我国电网改造的发展中已经有部分达到了155 Mbit/s,但仍然不能满足电力通信的紧张要求。还是以上海电力通信网为例,目前上海电网光通信容量为155 Mbit/s,仍然不能满足今后上海电力系统日益增长的数据量要求,制约了上海电力系统的进一步发展。

(3) 电力通信网的网络管理水平不能适应电力生产对通信的要求。

由于我国电力通信网实践和运行的时间相对较短,我国电力通信网管理系统也面临着很多问题。电信网络发展情况不一,采用的设备各自不同,使得传输的设备接口、通信规则不同，且没有统一的标准，使得电力通信网的管理存在着信息收集和处理上的问题。

(4) 电力通信网存在着干线老化、急需改造的问题。

主要的微波通信线路，有的从 20 世纪 80 年代开始运行，服役时间过长，系统设备老化，存在通信稳定隐患。有的数据网络交换机使用已超过或者接近使用年限，不能满足当前电力通信发展的要求。

(5) 受地区经济发展不平衡的影响，我国电力通信网也呈现出各地发展不平衡的局面，相互之间存在较大差距。

在我国部分地区，由于经济发展水平高，电力用电负荷量大，电力工业的投入相对大，电力通信网可以在充沛的资金支持下，引进高科技的通信设备，现代化程度高，设备更新换代的速度也快；在另一部分地区，由于受到经济的制约，电力通信的设备相对较为落后，现代化程度不高，甚至有的连调度电话都不能保证正常运行。

我国电力通信网面临着更多的机遇与挑战，我国电力系统的建设也越来越重视电力通信网的配套发展，投入大量的资金和人力，开发新的技术，解决存在的诸多问题。我们有理由相信，电力通信网的发展必将解决现在面临的问题。

9.6　电力通信面临的机遇和挑战

作为全国最大的专网之一，电力通信在走向市场、参与竞争的过程中有其得天独厚的优势：电力系统有着较为完善的通信基础设施和潜力巨大的路由资源（包括可敷设光纤等通信线路的中高压电力缆路、城市地下管道及可用于未来数据传输的低压入户电力线路等），有着强大的科研、设计、施工、运行管理队伍和健全的组织机构，有为用户提供综合业务服务的能力和经验等。但我国电力通信同样存在很多不足，除上述网络结构薄弱等问题外，在经营管理上，由于长期以来电力通信一直从属于电力主业，其经济性寓于整个电力系统的经济性之中，通信人员没有经济效益的观念，缺乏经营管理经验和人才。

总之，经过几十年的建设，我国的电力通信网随着电网的建设取得了长足的进步，基本形成了覆盖全国的电力通信综合业务网，在现代化电力生产和经营管理中发挥越来越重要的作用，是现代电网的三大支柱之一。

一、我国电力通信系统的发展趋势

我国电力通信网用于服务电力系统安全、稳定运作，为电力系统自动化提供专业信息，是电力系统的专项网络，所以我国电力通信网首要的任务是发展专用通信。提高各种通信的技术手段，了解通信的技术发展趋势，是更好地建设我国电力系统通信网的基础。

1. 通信技术提高

以下通信技术将会随着电力通信系统的发展不断提高，并反过来推进电力通信系统的进步。

（1）电力线载波通信技术。

（2）光纤通信技术。

（3）微波通信技术。

（4）无线通信技术。

作为世界通信的一个新领域，无线通信的新技术不断出现，如 3G、UWB、MMDS 等，利用这些新技术来强化当前我国电力系统通信网，满足我国电力系统通信网不断提升的带宽、传输速度等一系列的要求是当前通信人员的主要研究任务之一。

第三代移动通信技术（3G）是市场上较为热门的技术，3G 的三种主流的制式——CDMA2000、WCDMA、TD-SCDMA，在技术层面上都已经成熟，具备大规模应用的条件。3G 技术可以提供丰富的移动多媒体业务，其传输速率在高速移动的环境中支持 144 Kbit/s，慢速移动环境中支持 384 Kbit/s，静态环境中支持 2 Mbit/s。对比电力系统通信网数据流量的要求，3G 技术可以满足省级电力调度数据网络的主要生产业务数据的传输需要，但是随着电力系统规模的不断扩张，3G 技术所能提供的带宽不能满足电力系统通信网的发展要求，而作为一条辅助的备用系统，3G 技术无线通信的优势能被充分地发挥出来。

2. 网络带宽增加

从需求方面来说，随着社会经济发展的不断深入、电力系统发展的不断复杂化，以及电力系统规模的不断扩大，公司业务和接入用户对通信业务有了更高的要求。例如，随着电力系统往大容量大网络方向的不断发展、自动化水平的不断提高，对统一标准时间提出了更高的要求。GPS 等各种新型的检测系统由于具有高精度的定时功能，必将在电力系统中得到更加广泛的应用。而GPS等各种新型的检测系统在电力系统中实现流畅的运行需要大量的实时数据传输，提高网络带宽也是大势所趋，所以在可预见的未来，解决大容量的数据传输问题是我国电力系统通信网主要的发展目标。

从我国通信事业的战略布局上来说，"十二五"期间，我国规划实现"四网融合"的战略部署。在承担现有的维护电力系统正常运行的通信任务以外，电力通信网将直接面对终端客户，提供诸如配电网络的建设与维护检修、业扩报装、抄表收费、用电监察、需求侧管理等增值服务。这些额外需求的增加，极大地增加了电力通信网运行的负荷，现有的网络带宽远远不能满足这些需要。而一旦进行专网公化，电力通信网对民用开放，网络的传输量将极速上升，所以增加网络带宽势在必行。

从技术方面来说，电力载波通信的发展、光纤通信的出现和各种技术手段的不断提高，使得建立高带宽的电力通信网变为可能。ATM技术、波分复用技术(WDM)等高新技术为电力通信的宽带化提供了实用而具有可持续发展的通信技术手段。而第四代移动通信技术、本地多点分配接入技术等，为其带宽进一步增长提供了更多技术支持。

二、我国电力通信的发展目标和战略布局

电力信息化是目前我国电力通信发展的最为主要的目标。电力信息化是指电子信息技术在电力工业中的应用，是电力工业在信息技术的驱动下由传统工业向高度集约化、高度知识化、高度技术化工业转变的过程。其核心是电力工业管理信息系统(MIS)的建设，主要内容是各级电力企业信息化的实现，其中包括生产过程自动化和管理信息化。

我国电力通信事业的发展应该从我国电力通信的实际出发，必须以科技为先导，采用世界上先进、成熟的通信技术和设备，以及高标准、高起点装备电力通信网，为电力工业提供安全可靠、先进高效的电子信息服务，同时也要面向改革开放的中国市场、面向社会，积极提供最先进的、特殊的电信增值服务。

在21世纪最初的几年内，中国电力通信的具体发展目标如下。

(1) 积极引进当今先进水平的同步数字序列(SDH)、异步转移模式(ATM)宽带交换和数字移动通信(GSM、CDM)等先进通信技术和设备。

(2) 充分利用现有物质基础和系统的资源优势，有计划、有步骤地推进电力通

信主干网改进工作。

(3) 加快开发电信新业务,包括可视图文、电子信箱、传真存储转发、电子数据变换和多媒体服务。

我国电力通信的发展任重而道远。跨入 21 世纪的中国电力通信,既面临着许多新的挑战,也存在着许多机遇,只要坚持改革开放、依靠科技,就一定能获得更为蓬勃的发展。

面对"十二五"的历史机遇,伴随着我国电力事业的高速发展,我国电力通信事业、信息化事业面临一个跨越式的发展。对于我国电力系统而言,转变现有的电网运行和公司运行方式,通过信息化改革将我国电力通信事业、电力公司管理方式提升到一个新的层次,对我国电力事业的进一步发展有着极其重要的意义。

三、国外电力通信系统的发展趋势

20 世纪 90 年代,世界各国电力公司都开始对各自的电力通信网络进行了改革,通过不断的实践,现今的电力通信的运营模式主要有专网公化、专网专用、内外兼营三种。

思考与练习

9.1 通信系统一般由哪几部分组成?

9.2 通信领域有哪些新技术?各有哪些特点?

9.3 电力系统通信网的特点是什么?一般来说,电力通信的主要作用是什么?

9.4 国内外电力通信系统的发展趋势是什么?

第10章

自动化

DIANQIXINXI
ZHUANYEDAOLUN

10.1 自动化概念和应用

自动化(automation),是指机器设备或生产过程、管理过程,在没有人直接参与下,经过自动检测、信息处理、分析判断、操纵控制,实现预期的目标、目的或完成某种过程。简而言之,自动化是指机器或装置在无人干预的情况下按规定的程序或指令自动地进行操作或运行。广义地讲,自动化还包括模拟或再现人的智能活动。

自动化是新技术革命的一个重要方面。自动化是自动化技术和自动化过程的简称。自动化技术主要有两个:第一,用自动化机械代替人工的动力方面的自动化技术;第二,在生产过程和业务处理过程中,进行测量、计算、控制等,这是信息处理方面的自动化技术。

自动化有两个支柱技术,一个是自动控制技术,一个是信息处理技术。它们是相互渗透、相互促进的。

社会的需要是自动化技术发展的动力。自动化技术是紧密围绕着生产、生活、军事设备控制及航空航天工业等的需要而形成及在科学探索中发展起来的一种高技术。

自动化技术广泛用于工业、农业、国防、科学研究、交通运输、商业、医疗、服务及家庭等各方面。自动化技术的主要应用领域如图 10-1 所示。采用自动化技术不仅可以把人从繁重的体力劳动、部分脑力劳动及恶劣和危险的工作环境中解放

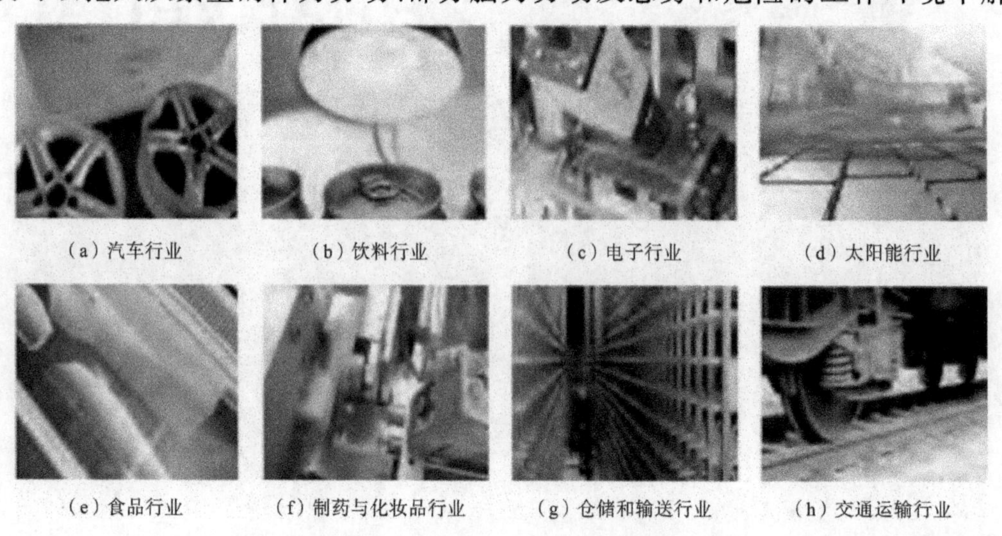

(a) 汽车行业　(b) 饮料行业　(c) 电子行业　(d) 太阳能行业

(e) 食品行业　(f) 制药与化妆品行业　(g) 仓储和输送行业　(h) 交通运输行业

图 10-1　自动化技术的主要应用领域

出来，而且能扩展、放大人的功能和创造新的功能，极大地提高劳动生产率，增强人类认识世界和改造世界的能力。自动化技术的研究、应用和推广，对人类的生产、生活的方式将产生深远影响。因此，自动化是一个国家或社会现代化水平的重要标志。

自动化技术是发展迅速、应用广泛、最引人瞩目的高技术之一，是推动高技术革命的核心技术，是信息社会中不可缺少的关键技术。从某种意义上讲，自动化就是现代化的同义词。

10.2 自动化和控制技术发展历史简介

自动化技术的发展历经了四个典型的历史时期，即18世纪以前的自动装置的出现和应用时期、18世纪末至20世纪30年代的自动化技术形成时期、20世纪40年代至20世纪50年代的局部自动化时期和20世纪50年代至今的综合自动化时期。

一、自动装置的出现和应用时期

古代人类在长期的生产和生活中，为了减轻自己的劳动，逐渐利用自然界的风力或水力代替人力、畜力，用自动装置代替人的部分繁难的脑力活动和对自然界动力进行控制。经过漫长岁月的探索，他们造出了一些原始的自动装置。

公元前14至公元前11世纪，中国和古巴比伦出现了自动计时装置——刻漏，刻漏是人类研制和使用自动装置的开始。

国外最早的自动化装置，是公元1世纪古希腊人希罗发明的神殿自动门和铜祭司自动洒圣水、投币式圣水箱等自动装置。

2世纪，东汉时期的张衡利用齿轮、连杆和齿轮机构制成浑天仪。220—280年，中国出现记里鼓车(复原模型如图10-2所示)。235年，马钧研制出用齿轮传动的自动指示方向的指南车(模型如图10-3所示)。1088年，中国苏颂等人把浑仪(天文观测仪器)、浑象(天文表现仪器)和自动计时装置结合在一起，建成了具有天衡自动调节机构和自动报时机构的水运仪象台。1135年，中国的燕肃在莲华漏中采用三级漏壶并浮子式阀门自动装置调节液位。1637年，中国明代的《天工开物》一书记载有程序控制思想萌芽的提花织机结构图。图10-4所示为置于交泰殿、造于公元1799年的清朝铜壶滴漏。

图 10-2 计里鼓车复原模型

图 10-3 指南车的模型

图 10-4 清朝铜壶滴漏(造于公元1799年)

1642年法国物理学家B.帕斯卡发明能自动进位的加法器。1657年,荷兰机械师C.惠更斯发明钟表,该钟表利用锥形摆做调速器。1681年,D.帕潘发明了带安全阀的压力釜,实现了压力自动控制。1694年,德国人G.W.莱布尼茨发明能进行加减乘除的机械计算机。1745年,英国机械师E.李年发明带有风向控制的风磨。1765年,俄国机械师И.И.波尔祖诺夫发明用于蒸汽锅炉水位的自动控制的浮子阀门式水位调节器。

二、自动化技术形成时期

1784年,瓦特在改进的蒸汽机上采用离心式调速装置,构成蒸汽机转速的闭环自动调速系统。瓦特的这项发明开创了近代自动调节装置应用的新纪元，对第一次工业革命及后来控制理论的发展有重要影响。瓦特离心式调速器对蒸汽机转速的控制原理图如图10-5所示。

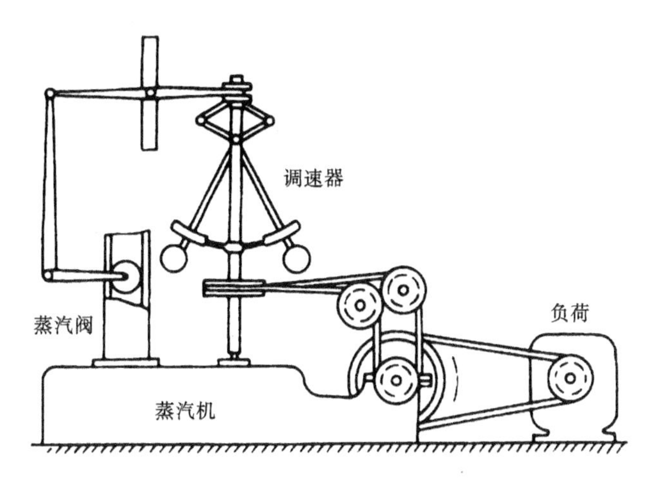

图10-5　瓦特离心式调速器对蒸汽机转速的控制原理图

在这一时期中，出于第一次工业革命的需要，人们开始采用自动调节装置，来对付工业生产中提出的控制问题。这些调节器都是一些跟踪给定值的装置，使一些物理量保持在给定值附近。自动调节器的应用标志着自动化技术进入新的历史时期。

具有离心式调速系统的蒸汽机，经过70多年的改进，反而产生了晃动现象（即现在所说的不稳定）。英国的物理学家麦克斯韦（创立电磁波理论的伟大科学家）用高等数学的理论研究分析了这种晃动现象。1876年俄国机械学家И.A.维什涅格拉茨基进一步总结了调节器的理论。他推导出系统的稳定条件，把参量平面划分成稳定域和不稳定域（后称维什涅格拉茨基图）。1877年英国的E.J.劳斯、1885年德国的A.赫尔维茨分别提出判别系统是否会产生晃动的准则（称为稳定判据）。1892年，俄国数学家A.M.李雅普诺夫提出稳定性的严格数学定义并发表了专著。李雅普诺夫第一法又称一次近似法，明确了用线性微分方程分析稳定性的确切适用范围。李雅普诺夫第二法又称直接法，不仅可以用来研究无穷小偏移时的稳定性（小范围内的稳定性），而且可以用来研究一定限度偏移下的稳定性（大范围内的稳定性）。

进入20世纪以后，工业生产中广泛应用各种自动调节装置，促进了对调节系统进行分析和综合的研究工作。在这一时期，虽然在自动调节器中已广泛应用反馈控制的结构，但从理论上研究反馈控制的原理则是从20世纪20年代开始的。

1833 年,英国数学家 C. 巴贝奇在设计分析机时首先提出程序控制的原理。他想用法国发明家 J. M. 雅卡尔设计的编织地毯花样用的穿孔卡方法来实现分析机的程序控制。1936 年,英国数学家图灵提出著名的图灵机,定义了可计算函数类,建立了算法理论和自动机理论。1938 年,美国电气工程师香农和日本数学家中岛,以及 1941 年苏联科学家 B. И. 舍斯塔科夫,分别独立地建立了逻辑自动机理论,用仅有两种工作状态的继电器组成了逻辑自动机,实现了逻辑控制。

可以说,1922 年 N. 米诺尔斯基发表的《关于船舶自动操舵的稳定性》、1934 年美国科学家 H. L. 黑曾发表的《关于伺服机构理论》,1934 年苏联科学家 И. Н. 沃兹涅先斯基发表的《自动调节理论》,1938 年苏联电气工程师 A. B. 米哈伊洛夫发表的《频率法》,标志着经典控制理论的诞生。

三、局部自动化时期

1948 年,W. 埃文斯的根轨迹法,奠定了适用于单变量控制问题的经典控制理论的基础。频率法(或称频域法)成为分析和设计线性单变量自动控制系统的主要方法。

1945 年,美国数学家维纳把反馈的概念推广到生物等一切控制系统。1948 年,他出版了名著《控制论——或关于在动物和机器中控制和通信的科学》一书,为控制论奠定了基础。1954 年,中国科学家钱学森全面总结和提高了经典控制理论,在美国出版了用英语撰写的、在世界上很有影响的《工程控制论》一书。

第二次世界大战后,工业迅速发展,随着对非线性系统、时滞系统、脉冲与采样控制系统、时变系统、分布参数系统和有随机信号输入的系统控制问题的深入研究,经典控制理论在 20 世纪 50 年代有了新的发展。

第二次世界大战后,在工业控制中已广泛应用 PID 调节器,并且用电子模拟计算机来设计自动控制系统。生产自动化的发展促进了自动化仪表的进步,出现了测量生产过程的温度、压力、流量、物位、机械量等参数的测量仪表。20 世纪 30 年代末至 40 年代初,出现了气动仪表,统一了压力信号,研制出气动单元组合仪表。20 世纪 50 年代出现了电动式的动圈式毫伏计、电子电位差计和电子测量仪表,电动式和电子式的单元组合式仪表。

1946 年,世界上第一台基于电子管的电子数字计算机(electronic digit computer)——电子数字积分计算器(ENIAC)问世。1950 年,美国宾夕法尼亚大学莫尔(Moore)小组成功研制世界上第二台存储程序式电子数字计算机——离散变量自动电子计算机(EDVAC)。电子数字计算机内部元件和结构,经历了电子管、晶体管、集成电路和大规模集成电路四个发展阶段。电子数字计算机的发明,为20世纪60—70年代开始在控制系统广泛应用程序控制和逻辑控制及应用数字计算机直接控制生产过程,奠定了基础。

经典控制理论这个名称是1960年在第一届全美联合自动控制会议上提出来的。在这次会议上,把系统与控制领域中研究单变量控制问题的学科称为经典控制理论,把研究多变量控制问题的学科称为现代控制理论。

四、综合自动化时期

20世纪50年代以后,经典控制理论有了许多新的发展。但高速飞行、核反应堆、大电力网和大化工厂提出的新的控制问题,促使一些科学家对非线性系统、继电系统、时滞系统、时变系统、分布参数系统和有随机输入的系统的控制问题进行了深入的研究。经典控制理论的方法有其局限性。

1957年,苏联成功地发射了第一颗人造卫星。继之又出现很多复杂的系统,其控制问题迫切需要加以解决,而用古典控制理论又很难解决,于是现代控制理论产生了。通过对这些复杂工业过程和航天技术的自动控制问题——多变量控制系统的分析和综合问题的深入研究,现代控制理论体系迅速发展,形成了多个重要的分支:系统辨识(system identification)、建模(modelling)与仿真(simulation)、自适应控制(self-adaptive control)和自校正控制器(self-tuning regulator)、遥测(telemetry)、遥控(remote control)和遥感(remote sensing)、大系统(large-scale system)理论、模式识别(image recognition)和人工智能(artificial intelligence)、智能控制(intelligent control)。

现代控制理论的形成和发展为综合自动化奠定了理论基础。在这一时期,微电子技术有了新的突破。1958年出现晶体管计算机,1965年出现集成电路计算机,1971年出现单片微处理机。微处理机的出现对控制技术产生了重大影响,控制工程师可以很方便地利用微处理机来实现各种复杂的控制,使综合自动化成为现实。

在过程控制方面,1975年开始出现集散型控制系统,使过程自动化达到很高的水平。在制造工业方面,在采用成组技术、数控机床、加工中心和群控的基础上发展起来的柔性制造系统(FMS)及计算机辅助设计(CAD)和计算机辅助制造(CAM)系统成为工厂自动化的基础。柔性制造系统是从20世纪60年代开始研制的,1972 年美国第一套柔性制造系统正式投入生产。20 世纪 70 年代末到 80 年代初,柔性制造系统得到迅速的发展,搬运机器人和装配机器人得到普遍应用。80 年代初出现用柔性制造系统组成的无人工厂。

10.3 自动控制系统的组成和类型

自动控制的目的是应用自动控制装置延伸和代替人的体力和脑力劳动。自动控制装置是由具有相当于人的大脑和手脚功能的装置组成的。它通常由机械机构或机电机构来完成自动控制。其中包括放大信息的装置,产生动力的驱动装置和完成运动的执行装置。没有控制就没有自动化。控制是自动化技术的核心,而反馈控制又是控制理论的最基本原理。

任何一个自动控制系统都是由被控对象和控制器等机构成的。根据被控对象和具体用途不同,自动控制系统可以有各种不同的结构形式。除被控对象外,自动控制系统一般由给定环节、反馈环节、比较环节、控制器(调节器)、放大环节和执行环节(执行机构)组成。这些功能环节分别承担相应的职能,共同完成控制任务。

一个典型的自动控制系统,由以下几部分组成。

(1) 给定环节。给定环节用于产生给定信号或控制输入信号。

(2) 反馈环节。反馈环节对系统输出(被控制量)进行测量,将它转换成反馈信号。

(3) 比较环节。比较环节用来比较输入信号和反馈信号之间的偏差,产生误差(error)信号。它可以是一个差动电路,也可以是一个物理元件(如电桥电路、差动放大器、自整角机等)。

(4) 控制器(调节器)。控制器(调节器)根据误差信号,按一定规律,产生相应的控制信号,控制器是自动控制系统实现控制的核心部分。

(5) 放大环节。放大环节用来放大偏差信号的幅值和功率,以推动执行机构调节被控对象,如功率放大器、电液伺服阀等。

(6) 执行环节(执行机构)。执行环节(执行机构)用于直接对被控对象进行操作,调节被控量,如阀门、伺服电动机等。

(7) 被控对象。被控对象一般是指生产过程中需要进行控制的工作机械、装置或生产过程。描述被控对象工作状态的、需要进行控制的物理量就是被控量。

(8) 扰动。扰动是指除输入信号外能使被控量偏离输入信号所要求的值或规律的控制系统内、外的物理量。

按照给定环节给出的输入信号的性质不同,可以将自动控制系统分为恒值自动调节系统、程序自动控制系统和随动系统(伺服系统)三种类型。

给定环节给出的输入信号是预先未知的随时间变化的函数的自动控制系统称为随动系统(servo-mechanism)。随动系统的功能是,按照预先未知的规律来控制被控量,即自动控制系统给定环节给出的为一个预先未知的随时间变化的函数。

10.4 自动化的现状与未来

自动化技术已渗透人类社会生活的各个方面。自动化技术的发展水平是一个国家在高技术领域发展水平的重要标志之一,它涉及工农业生产、国防建设、商业、家用电器、个人生活等诸多方面。自动化技术属于高新技术范畴,它发展迅速,更新很快。目前,国际上工业发达国家都在集中人力、物力,促使工业自动化技术不断向集成化、柔性化、智能化方向发展。

我国对自动化技术非常重视,前几个五年计划中对数控技术、CAD技术、工业机器人、柔性制造技术及工业过程自动化控制技术开展了研究,并取得了一定成果。今后一段时期自动化技术的攻关应从以下几个方面考虑。第一,根据工业服务对象的特点,把过程自动化、电气自动化、机械制造自动化和批量生产自动化作为重点。第二,立足国内已取得的成绩,把着眼点放在提高我国企业的综合自动化水平、发挥企业整体综合效益和增强企业的市场应变能力上,将攻关重点从单机自动化技术转移到综合自动化技术和集成化技术上。第三,开发符合我国国情的自动化技术,加速对已有成果的商品化。对市场前景较好的技术成果,如信息管理系统、自动化立体仓库、机器人等应进一步研究开发,形成系列化和商品化。第四,开展战略性技术研究。对计算机辅助生产工程、并行工程、经济型综合自动化技术进行研究。

一、机械制造自动化

机械制造自动化技术自20世纪50年代至今,经历了自动化单机、刚性生产线，数控机床、加工中心和柔性生产线、柔性制造三个阶段，今后将向计算机集成制造(CIM)发展。微电子技术的引入、数控机床的问世及计算机推广使用，促进了机械制造自动化向更深层次、更广泛的工艺领域发展。

二、工业过程自动化

现代工业包含许多内容，涉及面非常广。但从控制的角度出发，人们可以把现代工业分成三类，即连续型、混合型和离散型。连续型工业又称为过程工业(process industries)。过程工业包括电力、石油化工、化工、造纸、冶金、制药、轻工等国民经济中举足轻重的许多工业，研究这些工业的控制和管理具有十分重大的意义。

人们一般把过程工业生产过程的自动控制称为过程控制，它是过程工业自动化的核心内容。过程控制研究过程工业生产过程的描述、模拟、仿真、设计、控制和管理，旨在进一步改进工艺操作，提高自动化水平，优化生产过程，加强生产管理，最终显著地增加经济效益。

早期的过程控制系统所采用的基地式仪表、气动单元组合式仪表、电动单元组合式仪表等工具在过程工业的多数工厂中还在应用，但目前广泛采用的是可编程单回路、多回路调节器及分布式计算机控制系统(distributed computer control system，简称 DCS)。近年来迅速发展起来的现场总线网络控制系统，更是控制技术和计算机技术高度结合的产物。正是由于计算机技术的高速发展，在控制工程中研究和发展起来的许多新型控制理论和方法的应用才成为现实，复杂控制系统的解耦控制、时滞补偿控制、预测控制、非线性控制、自适应控制、人工神经网络控制、模糊控制等理论和方法开始在过程控制中发挥越来越重要的作用。

典型的基于计算机控制技术的过程控制系统有直接数字控制系统、分布式计算机控制系统(又称集散型控制系统)、两级优化控制系统和现场总线控制系统。

与机械制造系统中的计算机集成制造系统(CIMS)类似，计算机集成生产系统(computer integrated production systems，简称 CIPS)将计划优化、生产调度、经营管理和决策引入计算机控制系统，使市场意识与优化控制相结合、管理与控制相结合，促使计算机控制系统更加完善，产生更大的经济效益并推动技术进步。生产过程计算机集成控制系统是一种综合自动化系统。它由信息、优化、控制和对象模型等组成，具体可分为五层，即决策层、管理层、调度层、监控层、控制层。分布式控制系统、先进过程控制及计算机网络技术、数据库技术是实现计算机集成生产系统的重要基础。

计算机集成生产系统是过程工业自动化的最新成就和发展方向，是未来自动控制与自动化技术非常重要的应用领域。

三、机器人技术

机器人是人类20世纪最伟大的发明之一。机器人不仅成为先进制造业不可缺少的自动化装备，而且正以惊人的速度向海洋、航空、航天、军事、农业、服务、娱乐等各个领域渗透。

机器人主要分为两大类，即用于制造环境下的工业机器人(如焊接机器人、装配机器人、喷涂机器人、搬运机器人)和用于非制造环境下的特种机器人(如水下机器人、农业机器人、微操作机器人、医疗机器人、军用机器人、娱乐机器人等)。

机器人是电子信息技术和经典的机构学结合最典型的产物，按国际机器人联合会定义：用于制造环境的操作型工业机器人，为具有自动控制的、可编程的、多用途的三轴以上的操作机器。高级机器人，近年来国际上泛指具有一定程度感知、思维及作业的机器。这里感知是指装上各种各样传感器，内检测机器能处理各种参数；思维泛指一定信息综合处理能力及局部动作规划及决策；作业泛指各种操作及行走、游泳(水下机器人)及空间飞翔等。作业环境可分为结构环境及非结构环境两大类。结构环境是指固定的作业环境，作业动作次序在相当一时期内也是固定的工业机器人就是工作于这样一类环境中的，因此一旦编好程序后，机器人即可全自动进行规定好的作业，当环境或作业方式变更时，只需改变相应的程序。非结构环境指作业环境事先是未知的或环境是变化的，作业总任务虽是事先规定的，但如何去执行则要视当时实际环境才能定。非制造业用机器人，包括建筑机器人、采用机器人、极限条件下的作业机器人、核辐射环境下的机器人、水下机器人等，由于工作环境复杂，目前大都采用遥控加上局部自治来操纵。

日本使用工业机器人的经验证明，随着社会经济的改变，需要实现柔性自动化及机器人化生产，特别是实现机器人化生产，以大大提高质量，提高劳动生产率。

机器人的应用近年来也有了很大变化，在过去机器人主要用于汽车工业，作业主要是车身组装点焊及底盘弧焊等工序。1988年，机器人第一次用于电子电气工业的装配机器人总数已超过了用于汽车工业的点焊机器人。

21世纪工业生产大致可分为两种类型，一种是最终产品的生产，另一种是主要元部件的生产。采用机器人，第一，可保证产品的一致性，保证质量，做到固定节奏、均衡生产；第二，可极大程度地提高劳动生产率。随着技术进步产品越来越精巧，加工装配过程需要超净环境，有些情况下不用机器人已到了无法进行的地步。因此机器人化生产、装配系统将是一个重要发展方向。

20 世纪 70 年代，日本知名的机器人学教授，加藤一郎创造了“mechantronic”一词，即把传统机构与电子技术相结合，中文翻译成机电一体化。机电一体化被作为今后机器进化的方向，其中最具代表性的技术是数控机床及机器人。经过几十年的发展，“mechantronic”已不能完全概括当今的发展，机器人化的机器更能概括当前技术的发展与机器进化的方向。所谓机器人化机器，即机器具有一定程度上的“感知、思维、动作”功能，更通俗地说就是将传感技术、计算机技术、各种控制方法与传统机械相结合的新一代机器。

随着机器人技术的发展、各式各样的机器人的应用，从工业到家庭服务，机器人必将得到进一步的普及。

四、飞行器的智能控制

不同的飞行器，其控制系统也各不相同，系统的性能、功能和结构可能截然不同。飞行器控制的内容非常丰富，以下仅以导弹的控制问题为例简要说明飞行器控制这一重要的应用领域。

导弹是依靠液体或固体推进剂的火箭发动机产生推进力，在控制系统的作用下，把有效载荷送至规定目标附近的飞行器。导弹的有效载荷一般是可爆炸的战斗部，有效载荷最终偏离目标的距离是导弹系统的关键指标(命中精度)。目标既可以是固定的，也可以是活动的。导弹控制系统的主要任务是：控制导弹有效载荷的投掷精度(命中精度)；对飞行器实施姿态控制，保证在各种条件下的飞行稳定性；在发射前对飞行器进行可靠、准确的检测和操纵发射。实现飞行器控制功能涉及导航、姿态控制、制导等方面。

20 世纪 80 年代末以来，世界形势发生了巨大变化。未来的战场将具有高度立体化(空间化)、信息化、电子化及智能化的特点，新武器也将投入战场。为了适应这种形势的需要，导弹控制正向精确制导化、机动化、智能化、微电子化的更高层次发展。

10.5 自动化专业介绍

按教育部1998年颁发的本科专业目录，大学的本科学科分为学科门类、学科类、专业三级。学科门类是最大的学科，学科门类下设学科类，学科类下设专业，专业是学科的最小划分单位。本科有11个学科门类，11个学科门类下设学科类71个，共249种本科专业，另外，工学中还设有9个工科引导性专业，即本科专业258种。工学门类下设学科类21个，70种专业。近年来，由于市场经济的需要及大学本科教育发展的需要，加上经教育部批准设置的目录外专业，本科目录内、外专业已达560种。

1996年至2000年间进行的高等教育改革，把原电工学二级类下的工业自动化和电子与信息类中的自动控制等专业合并为自动化专业。专业口径大大拓宽。所以，目前在我国的高等院校中，有的学校设置的是自动化系，有的学校设置的是自动控制系，它们都是相同属性的系。为了强调信息在自动化或自动控制中的重要作用，有的高等院校将该类专业系名取为信息与控制工程系。

自动化是一个涉及学科较多、应用广泛的综合性科学技术，归属于控制科学与工程的范畴。自动化的研究内容有自动控制和信号处理两个方面，包括理论、方法、应用硬件和软件等。从应用观点角度来看，研究内容有过程工业自动化、机械制造自动化、电力系统自动化、武器与军事自动化、办公室自动化和家庭自动化等。采用自动化技术不仅可以将人从繁重的体力劳动、部分脑力劳动及恶劣和危险的工作环境中解放出来，而且能扩展人的器官功能，极大地提高劳动生产率，增强人类认识世界和改造世界的能力。

我国大学的一级学科排名和国家重点学科是根据研究生学科、专业目录进行的，而本科生的专业目录与研究生学科、专业目录相比有些不同。作为我国一级学科的控制科学与工程，下设有控制理论与控制工程、检测技术与自动化装置、系统工程、模式识别与智能系统和飞行器导航、制导与控制等二级学科。它和不同的学科相结合，形成了许多相互联系又相互区别的研究领域，如飞机控制、导弹控制、卫星控制、船舶控制、车辆控制、交通自动化、通信系统自动化、化工自动化、冶金自动化、电力系统自动化、机械制造自动化、农业自动化、图书馆自动化、办公自动化和家庭自动化等。

自动化类专业是一个口径宽、适应面广的专业，具有明显的跨学科特点。

思考与练习

10.1　何谓自动化？自动化技术主要应用在哪些领域？

10.2　简述自动控制系统的组成和类型。

10.3　何谓计算机集成制造系统？

10.4　简述我国自动化技术的发展趋势。

第11章

建筑电气与智能楼宇

DIANQIXINXI
ZHUANYEDAOLUN

11.1 建筑电气概述

利用电工技术、电子技术和近代先进理论，在建筑物内外人为创造并合理保护理想环境，充分发挥建筑物功能的一切电工、电子设备系统，统称为建筑电气。

随着建筑技术的迅速发展和现代建筑的出现，建筑物中电气设备的应用内容越来越多，已由原来单一的供配电、照明、防雷和接地，发展到在建筑物中安装空调、冷热源设备、通风设备、给排水设备、污水处理设备、电梯、电动扶梯、安全防范设备、信息通信设备等建筑设备。这些设备的数量庞大、分布区域广，不仅需要为其提供安全可靠的电源，而且需要对成千上万个参数进行实时监视与控制，以实现对建筑物的供电配电系统、保安监视系统、给排水系统、空调制冷系统、自动消防系统、通信及闭路电视系统、经营管理系统实行最佳控制和最佳管理。

表 11-1 所示为住宅智能化建筑系统配置。

表 11-1　住宅智能化建筑系统配置

<table>
<tr><th colspan="18">住宅建筑智能化系统配置</th></tr>
<tr><th colspan="4">信息设施系统</th><th colspan="4">信息化应用系统</th><th colspan="5">公共安全系统</th><th colspan="5">机房工程</th></tr>
<tr><td rowspan="2">通信接入系统</td><td rowspan="2">有线电视及卫星电视接收系统</td><td rowspan="2">信息导引及发布系统</td><td rowspan="2">其他相关信息通信系统</td><td rowspan="2">物业运营管理系统</td><td rowspan="2">信息服务系统</td><td rowspan="2">智能卡应用系统</td><td rowspan="2">其他业务功能应用系统</td><td colspan="5">安全技术防范系统</td><td rowspan="2">通信系统总配线设备机房</td><td rowspan="2">消防监控中心机房</td><td rowspan="2">安防监控中心机房</td><td rowspan="2">通信接入设备机房</td><td rowspan="2">有线电视前端设备机房</td></tr>
<tr><td>入侵报警系统</td><td>视频安防监控系统</td><td>出入口控制系统</td><td>楼宇对讲系统</td><td>电子巡查管理系统</td></tr>
</table>

各类建筑电气系统尽管作用不同，但一般都是由用电设备、配电设备、控制和保护设备三大部分组成的。按电能的输入、分配、传输和消耗来划分，全部建筑电气系统还可以分为供配电系统和用电系统两类。供配电系统是指接受发电厂电源输入的电能，并进行检测、计量、变压等，然后向用户和用电设备分配电能的系统，包括一次接线（主接线）和二次接线；用电系统包括将电能转化为光能的建筑电气照明系统，将电能转化为机械能的建筑动力系统，以及满足各种信息获取和保持相互联系要求、将电能转化为弱电信号的建筑弱电系统。

随着现代建筑与建筑弱电系统的进一步融合，智能建筑或智能楼宇出现了。

从某种意义上讲，建筑物智能化的高低取决于它是否具有完善的建筑弱电系统。

11.2 建筑电气技术的产生、特点和发展趋势

与建筑电气相关联的学科领域门类众多，已逐步形成广义电气工程中的一门与应用对象——建筑物紧密结合、具有多学科交叉特征和广阔应用前景的专业——建筑电气技术。

虽然建筑电气技术是随着建筑业的发展而形成的，但是它具有现代电气工程的鲜明特征与内涵，综合了电工技术、电子技术、控制技术和信息技术等现代先进技术。

早在1982年，中国建筑工程界就意识到建筑电气已不是一个依附于土建工程的配套工种，而有其特殊地位。当时的国家建设局核准成立建筑电气专业组织。

1992年，建设部颁布了《民用建筑电气设计规范》。

2002年国家技术质量监督局颁布了国家标准《建筑电气工程施工质量验收规范》。

1992年起，国际电工组织发布《建筑物电气装置》的第1～7部分标准。

2004年，中国注册电气工程师开考。鉴于全国建筑电气行业设计人员有近7万人，专门分类设置了建筑电气执业范围的内容。

建筑电气不仅在技术进步上完成了它的成长历程，而且得到了行业、教育界和政府的认可。1985年，同济大学分校建筑电气工程专业招生。1997年，同济大学招收“智能建筑电气技术”硕士研究生。2004年，教育部在发布的《普通高等学校高职高专教育指导性专业目录》中，将“建筑电气工程技术”定为土建大类下建筑设备类的四个专业之一，“楼宇智能化工程技术”是其中的另一个专业。

近年来，城市建设与管理提出了许多重大课题，对于建筑电气技术的发展有着重大的意义。城市的规模使建筑群的功能特征日趋明显，出现了具有各种特定功能的区域，如中央商务区CBD(center business district，如芝加哥威利斯大厦(见图11-1))、休闲商务区RBD (recreation business district)、工业园区、经济开发区、住宅小区等，现代城市管理必须采用信息化、自动化的手段对这些区域的建筑群与建筑设备进行综合管理。

人们对建筑物的防灾、减灾及反恐安全问题日益重视，建筑物中的消防、安防、防灾等电子设备及应急供电设备已是不可缺少的装备，这些装备须处于全天

图 11-1 芝加哥威利斯大厦(1973—1998 年世界最高建筑)

候自动工作状态,只有借助智能化的应用系统,才能使之精准、有效、稳定与可靠地工作。所以,智能化成为建筑电气技术发展的重要趋势。

在可持续发展的国策指导下,“绿色、生态建筑”已不仅仅是一个口号,而是应在建设、运行过程中充分注重的新标准。在“绿色、生态建筑”中,使用的是节能与环保的电气设备材料,如采用低损耗的铁磁材料制造电机与变压器,采用低烟无卤的绝缘材料,采用高效的光源等。

电气工程的设计更加复杂,不仅要满足建筑物对信息流与能源流的分配与控制,而且要采用智能化与信息化的技术实现各种节能控制与优化管理,进而为整个区域的建筑群综合事务管理提供技术基础。

综上,数字化、节能环保和智能化,将是现代建筑电气技术发展的趋势。

11.3 智能楼宇的定义和基本功能

智能楼宇,也称智能大厦或智能建筑(IB,intelligent building),是楼宇发展的高级阶段。由于智能化技术的不断发展，智能楼宇至今仍无统一的定义。

国际智能建筑物研究机构认为，智能楼宇是指通过对建筑物的结构、系统、服务和管理方面的功能及其内在联系进行最优化的设计，提供一个投资合理又拥有高效率的优雅舒适、便利快捷、高度安全的环境空间。智能楼宇能够帮助楼宇的主人、财产的管理者和拥有者等意识到，他们在诸如费用开支、生活舒适、商务活动和人身安全等方面将得到最大利益的回报。

美国计算机与信息科学专家麦里森教授在他的《智能大厦发展趋势》中对智能大厦做了定义：智能大厦是一幢或一组大楼，其内部拥有居住、工作、教育、医疗、娱乐等一切设施；大楼拥有内部的电信系统，为大楼居住的人员提供广泛的计算机和电信服务；大楼还拥有供暖、通风、照明、保安、消防、电梯控制和进出大楼的监控等子系统，从而为大楼内的居住人员建立一个更加富有创造性、具有更高的效率和更为安全舒适的环境。

美国智能化建筑学会（AIB Institute）对智能楼宇（IB）的定义是：IB 是将结构、系统、服务、运营及其相互联系全面综合，达到最佳组合，获得高效率、高功能与高舒适性的建筑。

欧洲智能建筑界认为，IB 是能以最低的保养成本最有效地管理本身资源，从而让用户发挥最高效率的建筑。它强调高效率地工作、环境的舒适及低资源浪费等方面。

世界上第一座智能大厦如图 11-2 所示。

图 11-2　世界上第一座智能大厦（都市办公大楼）

日本对智能建筑的定义，主要包括以下四个方面的内容。

(1) 作为收发信息和辅助管理的工具。

(2) 确保在里面工作的人满意和便利。

(3) 建筑管理合理化，以便用低廉的成本提供更周到的管理服务。

(4) 针对变化的社会环境、多样复杂化的办公以及主动的经营策略，做出快速灵活和经济的响应。

新加坡要把全岛建成“智能花园”，其规定 IB 必须具备以下条件：一是具有先进的自动化控制系统，能够自动调节室温、湿度、灯光以及控制保安和消防等设备，创造舒适安全的环境；二是具有良好的通信网络设施，使信息能方便地在建筑内或与外界进行流通。

《智能建筑设计标准》(GB/T 50314—2015)对智能楼宇的定义为：以建筑为平台，兼备建筑设备，办公自动化及通信网络系统，集结构、系统、服务、管理及它们之间的最优化组合，向人们提供一个安全、高效、舒适、便利的建筑环境。

图 11-3　上海环球金融中心(右)和金茂大厦(左)

智能楼宇的各种定义基本上分为两类，一类是与国际智能建筑物研究机构相类似的抽象定义，另一类是从工程实用的角度以智能化设备的配置情况和实现的功能来定义的。

智能楼宇应具有以下基本功能：智能楼宇能通过其结构、系统、服务和管理的最佳组合提供一种高效和经济的环境；智能楼宇能在上述环境下为管理者实现以最小的代价提供最有效的资源管理；智能楼宇能帮助其业主、管理者和住户实现他们的造价、舒适、便捷、安全、长期的灵活性以及市场效应的目标。

上海环球金融中心(右)和金茂大厦(左)如图 11-3 所示。

11.4　智能楼宇系统组成

智能楼宇系统的组成按其基本功能可分为三大块，即楼宇自动化系统(BAS, building automation system)、办公自动化系统(OAS, office automation system)和通信自动化系统(CAS,communication automation system),即“3A”系统,如图 11-4 所示。三者的有机结合,使建筑物能够为人们提供一个合理、高效、舒适、安全、方便的生活和工作环境。

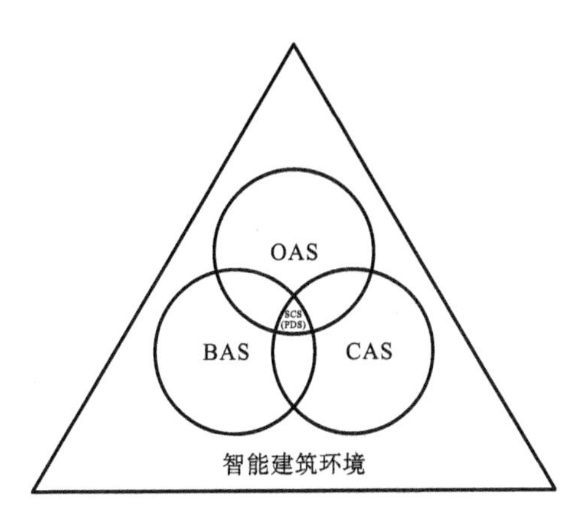

图 11-4　智能楼宇的环境

智能楼宇不是多种带有智能特征的系统产品的简单堆积或集合。“3A”系统共用楼宇内的信息资源和各种软、硬件资源,它们完成各自的功能,并且相互联动、协调、统一在智能楼宇总系统中。在智能楼宇中,要实现上述三个功能子系统的一体化集成,需要对各个部门、各个房间的语音、数据、视频、监控等不同信号线进行综合布线,形成楼宇内或楼宇群之间的结构化综合布线系统,这个综合布线系统是上述三个功能子系统的物理基础。

一、楼宇自动化系统

楼宇自动化系统(BAS,building automation system),又称为建筑物自动化系统。它采用最新的传感技术、自动控制技术、计算机组态技术、网络集成技术、信息交换技术等,对楼宇内所有机电设备施行自动控制,这些机电设备包括变配电设备、给电设备、采暖设备、通风设备、运输设备等。而楼宇的管理人员又通过计算机对上述设施实行综合监控管理,包括空调管理系统、保安系统、消防系统、停车场监视系统等,保证设备高效、可靠运行,为用户提供安全、便利、舒适的工作和生活环境。

二、通信自动化系统

通信自动化系统(CAS,communication automation system)利用最新的信息

技术构成智能楼宇的信息游走系统，通过通信系统保证各种语音、数据、图像在楼宇内传输，并通过专线系统和卫星系统保证楼宇内的通信网络与楼宇外各种通信网络的连接和信息传递。

通信自动化系统是利用一种具有高度数字化能力的综合业务数字网，实现在一个数字网中传输、交换、处理语音、数据、图文等，实现信息收集、存储、传送、处理和控制，即只通过一个网络为用户提供电话、传真、电报、图文、电子邮政、电视会议、数据通信及移动通信等服务。

三、办公自动化系统

办公自动化系统（OAS，office automation system）借助于各种先进的办公设备，提供文字处理、模式识别、图像处理、情报检索、统计分析、决策支持、计算机辅助设计、印刷排版、文档管理、电子商务、电子数据交换、来访接待、电视会议、同声传译等功能，以提高办公效率，使各类业务来往更加规范、快捷和便利。

按处理内容划分，办公自动化系统可分为两类：一类是基于文字和数据的办公自动化系统；另一类是基于声、像的办公自动化系统，这类系统针对语音、图形、图像的处理，主要使用可以同时传输、交换语音、数据、图形和图像的多媒体网络，而连接在多媒体网络的终端也必须是能够处理语音、图形、图像信号的终端设备和各类网络服务器。

四、综合布线系统

综合布线系统是通过整体化设计，将楼宇自动化系统、通信自动化系统和办公自动化系统中的语音、数据、视频等信号综合在一套标准的布线系统中，构成智能楼宇的感知、思考和决策体系。

综合布线系统应用高品质的标准材料，以非屏蔽双绞线和光纤作为传输介质，采用组合压接方式，统一进行规划设计，组成一套完整而开放的布线系统。采用星形拓扑结构、模块化设计的综合布线系统，具有开放、灵活、模块化、扩展性强、可靠性强及独立性强等特点。

综合布线系统为智能大厦和智能建筑群中的信息设施提供了多厂家产品兼容、模块化扩展、更新与系统灵活重组的可能性。它既为用户创造了现代信息系统环境，强化了控制与管理，又为用户节约了费用，保护了投资。因此，综合布线系统已成为现代化建筑的重要组成部分。

按照应用环境和处理对象的不同，综合布线系统可以分为建筑群布线系统(PDS，premises distribution system)、智能楼宇布线系统(IBS，intelligent building system)和工业布线系统(IDS，industry cabling system)。建筑群布线系统应用于各类商务环境和办公环境，主要传输数字网络信号。智能楼宇布线系统以楼宇环境控制及管理为主，主要包括数据处理系统、数据通信系统、语音通信系统、图像传输系统和楼宇自动化系统。工业布线系统用于工业系统的传感器信息、控制信息、管理信息的传递和共享。

智能建筑的核心是系统集成(SIC，system integrated center)。SIC 借助综合布线系统实现对 BAS、CAS 和 OAS 的有机整合，以一体化集成的方式实现对信息、资源和管理服务的共享。系统集成 SIC 是智能楼宇的"大脑"，建筑群布线系统 PDS 是"血管和神经"，BAS、CAS、OAS 所属的各子系统是运行实体的功能模块。

11.5　智能楼宇的现状与未来

智能楼宇是现代高科技技术的结晶，它赋予了建筑物更强的生命力，提高了其使用价值。智能化建筑具有广泛的使用前景，其发展是社会进步的必然。

智能楼宇产业是综合性科技产业，涉及建筑、电力、电子、仪表、钢铁、机械、计算机、通信和环境等多种行业。随着信息化和新材料技术的发展，智能楼宇也将成为 21 世纪世界建筑发展的主流。

智能楼宇的发展是科学技术和经济水平的综合体现，它已成为一个国家、地区和城市现代化水平的重要标志之一。在我国步入信息社会和国内外正加速建设信息高速公路的今天，智能楼宇将成为城市中的"信息岛"或"信息单元"，成为信息社会最重要的基础设施之一。

智能楼宇在我国的发展将呈现以下趋势。

(1) 业主已把建筑设计中智能部分的设计列为其基本要求之一，而政府也高度重视，在科研、资金和政策等方面积极地进行支持和引导，使智能楼宇朝着健康和规范化的方向发展。

(2) 采用最新高科技成果，向系统集成化、综合化管理及智能城市化和高智能人性化的方向发展。

(3) 正在迅速发展成为一个新兴的技术产业、政府和各大学、科研机构及有关厂商等正将智能楼宇作为一个新的研究课题和商业机会，积极投入力量，开发相关的软硬件产品，使智能按字实施便利，成本降低。

(4) 智能楼宇的功能朝着多元化方向发展。

目前，在国际上，智能楼宇已从单一地建造发展到成群的规划和建造。智能楼宇已经向“智能建筑群”和“智能城市”方向发展。

智能楼宇不仅限于智能办公大楼，还正在向公寓、医院、学校、体育场馆等建筑领域扩展，特别是住宅扩展而出现智能住宅的前景，将使智能楼宇未来有更广阔的发展天地。

楼宇智能化技术是随着智能楼宇的发展而进步的。一方面，它对智能化技术提出了更多更高的要求；另一方面，它也需要智能化技术的全面支持。可以预料，随着智能楼宇的发展，除了对“3A”系统有进一步要求外，对效率、舒适、便捷等的要求将更高，将有更多学科的高新技术应用到智能楼宇中。智能楼宇将不断地利用成熟的新技术，实现人、自然、环境的和谐统一。

思考与练习

11.1 建筑电气和智能楼宇包含哪些内容？有哪些特点？

11.2 智能楼宇有哪些基本功能？

11.3 简述楼宇自动化系统的主要内容。

11.4 简述办公自动化系统的基本组成。

参考文献

[1] 孙元章,李裕能.走进电世界——电气工程与自动化(专业)概论[M].北京:中国电力出版社,2009.

[2] 杨义波,张燕侠,杨作梁,刘玉莲.热力发电厂[M].北京:中国电力出版社,2005.

[3] 陈虹.电气学科导论[M].北京:机械工业出版社,2006.

[4] 范瑜.电气工程概论[M].北京:高等教育出版社,2006.

[5] 刘志运.大学学习理论与方法[M].北京:武汉大学出版社,1995.

[6] 江晓原.科学史十五讲[M].北京:北京大学出版社,2006.

[7] 张仁豫,陈昌渔,王昌长.高电压试验技术[M].2 版.北京:清华大学出版,2003.

[8] 张纬钹,何金良,高玉明.过电压防护及绝缘配合[M].北京:清华大学出版社,2002.

[9] 吴薛红,濮天伟,廖德利.防雷与接地技术[M].北京:化学工业出版社,2008.

[10] 浣喜明,姚为正.电力电子技术[M].北京:高等教育出版社,2004.

[11] 贾正春,马志源.电力电子学[M].北京:中国电力出版社,2001.

[12] 青峰.简明物理学史[M].南京:南京大学出版社,2007.

[13] 清华大学自然辩证法教研组编.科学技术史讲义[M].北京:清华大学出版社,1984.

[14] 曹顺仙.世界文明史[M].北京:北京航空航天大学出版社,2006.

[15] 宗占国.现代科学技术导论[M].3 版.北京:高等教育出版社,2004.

[16] 马廷钧.现代物理技术及其应用[M].北京:国防工业出版社,2002.

[17] 王长贵,崔容强,周篁.新能源发电技术[M].北京:中国电力出版社,2003.

[18] 胡成春.让世界更洁净——新能源[M].北京:学科技术文献出版社,1999.

[19] 王战果. 智能建筑办公自动化[M].北京:中国电力出版社,2005.

[20] 金海明,郑安平,等.电力电子技术[M].北京:北京邮电大学出版社,2005.

[21] 何耀三 ,唐卓尧,林景栋.电气传动的微机控制[M].重庆:重庆大学出版

社,1997.

[22] 王令朝.造福人类社会的现代通信技术[J].北京:现代通信.2001,(9):3-4.

[23] 毕厚杰.现代通信技术的发展趋势[J].北京:中国工程科学.2000,2(8):31-34.

[24] 苟永明.现代通信技术的发展与展望[J].北京:微波与卫星通信.1998,(2):53-56.

[25] 冯锡钰,魏东兴,孙怡,刘军民.现代通信技术[M].北京:机械工业出版社,1998.

[26] 吴仲阳.自动控制原理[M].北京:高等教育出版社,2005.

[27] 马小军.建筑电气控制技术[M].北京:机械工业出版社,2005.

[28] 秦兆海.周鑫华.智能楼宇安全防范系统[M].北京:清华大学出版社,北京交通大学出版社,2005.

[29] 刘国林.建筑物自动化系统[M].北京:机械工业出版社,2002.

[30] 蒋新松.机器人与工业自动化[M].石家庄:河北教育出版社,2003.

[31] 万百五.自动化(专业)概论[M].武汉:武汉理工大学出版社,2010.

[32] 项国波.自动化时代[M].武汉:武汉理工大学出版社,2004.

[33] 胡道元.智能建筑计算机网络工程[M].北京:清华大学出版社,2002.

[34] 罗国杰.智能建筑系统工程[M].北京:机械工业出版社,2002.